U0290255

中国鱼文化

ZHONGGUO YU WENHUA

陶思炎 著

商务印书馆
The Commercial Press

2019年·北京

图书在版编目(CIP)数据

中国鱼文化 / 陶思炎著. — 北京：商务印书馆，
2019
ISBN 978-7-100-17946-1

Ⅰ．①中… Ⅱ．①陶… Ⅲ．①鱼－文化－中国 Ⅳ.
①S96

中国版本图书馆CIP数据核字(2019)第255886号

中国鱼文化

陶思炎　著

商 务 印 书 馆 出 版
（北京王府井大街 36 号　邮政编码 100710）
商 务 印 书 馆 发 行
艺堂印刷（天津）有限公司印刷
ISBN　978-7-100-17946-1

2019 年 12 月第 1 版　　　　开本 710×1000　1/16
2019 年 12 月北京第 1 次印刷　　印张 13½
定价：41.00 元

自　序

　　我们生息在一个多水的星球之上，到处都有取之不尽、食之未绝的各种鱼类。鱼类作为"最早的一种人工食物"，对我们人类的生存繁衍、火的利用、工具的发明和族群的迁徙等，都产生过决定性的影响。正是原始初民的鱼捞活动，推动了人类永无止境的以生产力改造自然力的伟大创造。

　　鱼类水际悠游、繁衍众多的物种特点，以及它作为食物对人类生存的恩惠，唤起了早期人类的崇敬情感，寄托了鱼、人合一的亲善期盼，并萌生出凭之而沟通天地的神话幻想。于是，各类鱼图、鱼物、鱼信、鱼话、鱼俗纷纭迭出，它们相互依存，结成了历时久远、类型庞杂、数量浩繁、多姿多趣的一条文化长链。

　　就内容而言，中国鱼文化包容着物质生产、社会组织、信仰崇拜、口头讲传的各种成分，涉及物质的、社会的、精神的、语言的诸多领域。它亦古亦今，亦奇亦平，亦聚亦散，亦俗亦雅，堪称中国文化史上历时最久、应用最广、功能最多、风俗性最强的一个文化系统。

　　鱼文化作为专题文化，也属符号文化，不论是有形的鱼图、鱼物，还是无形的鱼信、鱼话，以及二者兼备的各类鱼俗，都是以文化符号的方式承载着民族的旨趣和精神。它包容着自然探索、神话幻想、哲学思考、艺术审美、生活实用等成分，可以作为人类学、文化学、民俗学、艺术学等学科追踪研究的典型课题。

　　我对鱼文化的关注开始于 20 世纪 80 年代初，曾写作并发表了《五代从葬品神话考》《鱼考》等论文，涉及鱼的文化功能、符号考释和历史应用等方面，并从那时开始了对鱼的图像、鱼的传说、鱼的信仰、鱼的文献、鱼的风俗的整体考察，培养起觅踪寻源、还原探究的兴趣。《鱼考》一文发表之后，受到了较好的社会评价，并成为全国性的获奖论文，这使我产生了进一步研究的想法。于是，在 1987 年考入北京师范大学攻读民俗学博士学位之后，我便选择了"中国鱼文化"作为博士论文的研究课题，受到了导师张紫晨先生的肯定和钟敬文先生的赞许。

　　小作《中国鱼文化》完成于 1989 年，其主体部分曾以《中国鱼文化的功能与演进》的题名于当年通过博士论文答辩。光阴似箭，如今 30 载的岁月已悄然逝去，适逢深圳大学饶宗颐文化研究院有出书计划，使我有机会再次修订旧稿。审阅小作，常忆起自己的学生时代，并为选择了中华传统文化研究为毕生专攻方向而庆幸。

　　在当今文化发展、繁荣的历史时期，鱼文化正重新为人们所认识，它已不再是搜罗记忆的旧事，而是事业与产业、历史与未来、中国与世界相互联结的一个新的基点。愿本书能为读者朋友们认知中华传统文化打开一扇特殊的窗口，让我们一起透过它看到鱼的大千世界，同时也领悟人的精神宇宙。

陶思炎

2019 年 8 月 28 日于金陵春晓书屋

目　录

科学的职务，是在某一定群的现象的记述和解释，所以每种科学，都可以分成记述和解释两个部门——记述部门，是考究各个特质的实际情形，把它们显示出来；解释部门，是把它们来归成一般的法则。……没有理论的事实是迷糊的，没有事实的理论是空洞的。

——〔德〕格罗塞

（《艺术的起源》，商务印书馆

1984 年版，第 1—2 页）

第一章　绪　论

中国鱼文化是中华民族的伟大创造，是中国文化史上光彩夺目的一章。它发轫于旧石器时期，至少在五万至一万五千年以前，鱼类就已成为中华大地上的人类先祖的有意识、有心智的劳动实践和艺术想象的对象，并寄托着融和自然、联结生死、交通神鬼、壮大族群的信仰观。

北京周口店山顶洞人遗址出土的涂红、穿孔的草鱼眶上骨，为我们提供了上述判断的最早实证。同穿孔兽牙和穿孔蚶壳一样，在山顶洞人时期，鱼类已在初民社会中展现出文化的功能，它不仅作为人类食物的可靠来源，同时也构成人类精神世界的神秘意象。鱼骨作为原始初民最早的饰物之一，绝非夸张的唯美情感的宣泄，乃出于对自然力的崇拜，并寄托着同化于大自然，受惠于大自然的祈望。鱼类一旦超脱了单纯的食用价值，成为人类物质生产与精神创造的对象，鱼文化的系统便开始形成了。

到了新石器时期，在磁山文化遗址、仰韶文化遗址、大溪文化遗址、河姆渡文化遗址、红山文化遗址、良渚文化遗址、龙山文化遗址等处，出现了多种捕鱼工具和各类质料与形态的鱼图，标志着中国鱼文化的发展已迎来了一个早期的高峰。

在往后的数千年里，中国鱼文化的演进图像虽呈现为盛衰替变的曲线，但长传至今，绵亘未绝。可以毫不夸张地说，凝聚着中华民族创造精神的各类鱼图、鱼物、鱼俗和鱼话，构成了我国文化史上历时最久、应用最广、民俗功能最多、艺术特征最强的一条文化长链。中国鱼文化的持久生命力就在于它将丰富的内涵和广博的功用，复杂的形态和睿智的创造，神秘的信仰和入世的追求等融合在一起。在鱼文化体系的认知中，功能尤为重要，它不仅是鱼文化生命的根系，也是判断其文化价值的前提。

一、中国鱼文化概说

中国鱼文化作为我国民间最习见的行为模式和象征符号群，体现在物质成果、仪礼制度和精神活动的诸多方面，几乎涵盖了生活的所有领域。

拿物质文化来说，鱼类作为人类继"天然食物"之后的第二种"食物资源"，在人类进化史上具有决定性的意义。摩尔根曾强调指出，"鱼类是最早的一种人工食物"，人类有了鱼类食物，才开始火的利用及大规模的迁徙。[①]应当补充说，鱼类食物的捕捞和制作，还导致了工具的发明和使用，人类的体力与智力第一次得到充分的并用与发展，人类开始步入以生产力改造自然力的伟大时代。这一时代由中期蒙昧社会伊始，至野蛮社会时期止，渔猎生产已由最初的手工捕捉、棒打石击、做栅拦截和围堰竭泽等，发展为钩钓矢射、叉刺网捞、镖投笼卡及舟桨驱取等形式，原始渔业已开始成为最早的产业形态，构成我国渔农经济的重要基础。

从新石器时期的文化遗址中，我们不难看到物质型鱼文化的繁盛：河北武安磁山出土了骨镞和带索鱼镖，西安半坡出土了骨质织网器和两百多件石质网坠，仰韶文化多处遗址出土了网纹彩陶，浙江余姚河姆渡文化遗址出土了骨质织网器和六支木质船桨，山东大汶口文化遗址出土了石制和陶制网坠，等等。随着渔猎工具的进步和捕捞手段的更新，人类对自己的劳动对象的了解也就越来越透彻，从随意性的食物摄取，演进到识别其品种和习性，并适时地加以捕捉与畜养。这样，鱼文化在生产领域率先取得了真正意义上的物质成果，并由此衍生出其他的文化形式。

---

① 〔美〕摩尔根：《古代社会》，商务印书馆 1987 年版，第 20 页。

　　在民间日常生活的诸领域中，也都留下了物质型鱼文化的踪迹，表现出鱼的风俗与艺术的应用。

　　从服饰方面看，鱼骨饰、鱼睛饰源起于原始氏族社会，直到封建社会的中晚期亦未绝迹，不仅在滨水渔猎的部落中长期盛行鱼饰[①]，在繁华的都市亦时有所见。北宋淳化年间，面饰鱼鳃骨的京师妇女就曾以"鱼媚子"之称而风流一时。[②] 至于其他质料的人工鱼饰更是屡见不鲜，从男子琥珀、玉石之鱼饰到女子金银鱼簪、双鱼耳坠及鎏金鱼尾冠饰[③] 等，由晋至宋、辽亦极为兴盛。鱼皮之服的启用也始于原始时期，《山海经·海外东经》有"玄股之国在其北，其为人股黑，衣鱼食鸥"之述。此外，张衡《东京赋》中亦有"白龙鱼服，见困豫且"之句。松花江边的赫哲人喜穿戴染色的鱼衣、鱼套，同时他们还穿用鱼皮鞋、鱼皮绑腿、鱼皮围裙、鱼皮腰带等物件，显示出物质形态鱼文化的生活实用。

　　从食用方面看，由于鱼类食物的开发，火的利用，人类的饮食文化也由此而发端。从生食到人工烤食和煮食，从一次食用到烤干、晒干、风干，及稍晚的腌制以贮藏，品种、食法、制法都渐趋丰富，反映了食鱼之民已能"自由地对待自己的产品"，已懂得把"内在的尺度运用到对象上去"。[④] 这种"真正的生产"，以人类的心智与创造使人类与动物的距离更其遥远，也体现出物质文化在这一过程中的决定意义。

　　从居卧方面看，自南北朝以后，鱼类图像就较多地出现在建筑构件和居室装饰中，如建筑正脊上的鱼尾形鸱尾，回廊中的鱼形月梁，柱枋间的鱼形雀替，门户上的鱼形门钥，以及在门窗裙板、门楼砖雕、室内挂落、大床木雕及其他家具和装修上，均不难见到双鱼图、鱼鸟图、鱼磬图、鱼跃龙门图、鱼穿莲花图等纹饰，反映了鱼的精神意象与物质成果的凝合。

　　从行旅方面看，鱼文化也留下了一些踪迹，除了一些舟船将船身做成鱼形，船头制为鲤首或鲸首外，陆上的车架亦有鱼的因素。不过，"鱼车"仅出现在汉墓画像石上，存在于信仰观念中，而未见诸现实的应用。其文化象征意义在于，表达了在亡魂跨界行旅中鱼有牵引之力和鱼导轮行的神

---

① 清代满族的黑水部、东海窝穆部等仍习用鱼骨额饰。

② 事出《妆台记》，见《中华大辞典》鱼部。

③ 吉林集安县禹山1080号高句丽古墓曾出土一鱼尾形鎏金铜饰片，两面鎏金，并錾刻出鱼尾纹理，边缘及顺纹理有五排小孔，孔中残留铜质纽丝。详见《考古与文物》1983年第2期。

④ 马克思语，见《马克思恩格斯全集》第42卷，人民出版社1972年版，第97页。

话观念。

在器用与医药方面，鱼文化亦创造出绚烂的物质成果。鱼的图像在工具、兵器、餐具、礼器、灯具、乐器、玩具、文具等方面无处不见，在民族的文化情结和传统习俗中留下了深长的投影。鱼还有特别的药用价值，很早就成为民间祛病强身的单方，陈藏器、李时珍等曾加以专门的采录和著述，使之成为祖国医药宝库中的一宗财富。

在社群文化方面，鱼文化还体现在人类的仪礼制度之中，在祭祀、婚丧、交际、朝规、村约等方面发挥着重要作用。

在祭祀方面，"鱼祭"之制由来已久。《礼记·曲礼》曰："凡祭宗庙之礼，槁鱼曰商祭，鲜鱼曰脡祭。"《礼记·王制》曰："庶人夏荐麦，麦以鱼。"不论是区分鱼的干湿致祭，还是以鱼同麦相配，都反映了先人对食物的神秘观念，及表达这种观念的仪礼化、制度化。"鱼祭"的信仰方式当形成于氏族社会，作为原始宗教的行为，是原始社群集体意识的表达。及至阶级社会，它才由民俗上升为朝礼，并为"天子"所遵循。[①]"鱼祭"的制度在当代虽已不存，但作为民俗活动仍持久传承，至今仍有不少地方的乡民们还将其作为年节祀先的一种表达方式。

在婚丧方面，鱼文化的因子或隐或显，亦十分活跃。婚礼取用的双鱼纹铜镜，新妇到夫家前撒钱模拟"鲤鱼散子"的仪式，洞房窗花的双鱼剪贴和双鱼挂饰，室内陈设的祭祖面鱼，以十四条生鱼在寝门外设祭的仪典，[②]以及议婚中以鱼为"纳采"的聘礼等，都体现了鱼文化在婚俗中的求偶乞嗣的象征功用。至于丧俗中的鱼文化应用，也十分活跃。从仰韶文化半坡遗址的人面鱼纹盆瓮棺葬、大溪文化的含生鱼葬俗，到商周的玉鱼、蚌鱼从葬，春秋战国的铜鱼葬，汉墓画像石及崖墓上的"连行图"及鱼鸟图，唐、五代、宋时的鱼俑及人首鱼身俑等，数千年绵延不绝，直到明代还时有所见。在近现代，丧葬习俗中的鱼元素虽已逐步衰减，但其历史遗存却留下了不可胜数的文物和图像，甚至在江苏如皋和云南白族地区数十年前还存在在棺下置钵，内放鲫鱼的"活水养鱼"的葬俗。

---

①《礼记·月令》载："季冬之月，命渔师始渔。天子亲往乃尝，鱼先荐寝庙。"又载："季春之月，天子始乘舟，荐鲔于寝庙。"

②《仪礼》注云："鱼之正十五，鼎减一为十四者，欲其敌偶也。鱼水物，以头枚数，取数于月十有五日而盈。""欲其敌偶也者，夫妇各有七也。"见《古今图书集成》博物汇编·禽虫典第一百三十五卷。

在交际方面，鱼作为祝贺的礼物和传书的信使，有其特殊的象征意义。古乐府诗中有"客从远方来，遗我双鲤鱼。呼儿烹鲤鱼，中有尺素书"[①]句，很典型地道出了鱼在人际交往中的礼物与信使功用。在民间，每逢年节或吉事以鱼为礼馈赠亲友的习俗亦至今犹见。

在朝礼方面，除了先秦的"鱼祭"之礼，唐代又改虎符为鱼符，并盛行鱼符、鱼袋之制。《唐书·车服志》载："随身鱼符者，以明贵贱，应召命，左二右一，左者进内，右者随身。"鱼袋因鱼符之用而盛行，并有玉、金、银三等之分，朝廷常以紫金鱼袋作为对臣民的赏赐，而当时的尺素交往亦盛行鱼函之制。此外，唐代一度曾颁有禁食鲤鱼之律，据唐段成式《酉阳杂俎》载：

> 国朝律，取得鲤鱼即宜放，仍不得吃，号赤鲽公。卖者杖六十。言鲤为李也。

所言因李家王朝的姓氏避讳而立了朝廷的律规。甚至在现当代，民间亦有相关的俗禁或村约。例如，在福建省周宁县普源村有一条"鲤鱼溪"，溪中游鱼成群，村民不仅不加捕食，鱼自然老死后，还由族中德高望重的长者主持仪式，打锣鼓，点香烛，设祭品，将鱼焚化埋葬，每年清明节村人还同往鱼冢祭扫。[②] 在那里，鱼成了社群生活的中心，成了聚合村民的组织手段。可见，在制度和礼俗文化中亦不乏鱼文化的因素。

在精神文化方面，鱼类作为人的食物来源、生活资料和劳动对象，构成了"人的无机的身体"[③]，决定了人的观念、意识和幻想的产生。就中国鱼文化而言，它联系着巫术事象、信仰习俗、口承文艺和游乐活动，在巫术宗教、美学哲学、风俗信仰等精神领域里表现出极大的张力和潜能。

在巫术活动方面，有"鱼占"和"鱼兆"的俗信，以及以鱼厌胜与禳解之术，鱼因此而成为巫药与占验的吉物。例如，梦鱼为丰年（《诗·小雅·无羊》曰："牧人乃梦，众维鱼矣。旐维旟矣，大人占之。众维鱼矣，实为丰年。"）；鱼称水主水涨（《田家杂占》云："鱼跃离水面谓之称水，主水涨。高多少，增水多少。"）；江豚占风（杨慎《异鱼图赞笺》卷一载：

---

① 出自（宋）郭茂倩《乐府诗集·相和歌辞·瑟调曲》。
② 参见张受祜：《迷人的鲤鱼溪》，《风俗》1987 年第 3 期。
③ 〔德〕马克思：《1844 年经济学哲学手稿》，人民出版社 1979 年版，第 49 页。

"江豚，生江中，状如海豚而小，出没水中，舟人候之占风。"）；牛鱼占潮（任昉《述异记》曰："东海有牛鱼，其形如牛。海人采捕，剥其皮悬之，潮水至则尾起，潮水落则尾伏。"）；横公鱼驱邪（《异鱼图赞笺》卷二曰：横公鱼，"可治邪病"，"矫饰以为瑞应"。）；飞鱼催生（飞鱼，即文鳐鱼。《古今图书集成》博物汇编·禽虫典一百四十六卷引陈藏器之说："妇人难产，烧墨研末，酒服一钱，临月带之，令人易产。"）。此类活动在文献载录和民间巫占中多不胜数。

此外，向鱼乞子、求雨，甚或庙祀的信仰行为，亦构成中国鱼文化精神层面的相关内容。在渔业生产和岁时活动中，信仰性鱼俗活动也屡见不鲜。例如，渔民在船上吃鱼不得翻身，只吃一面，以忌翻舟；除夕年夜饭桌上的大鱼不得下箸，要全鱼保留，以兆"年年有余"和用以守夜除阴。还有，俗信除夕黄昏用乌鱼汤为小儿沐浴，可免生痘疫。《本草纲目》引杨珙《医方摘要》云："除夕黄昏时用大乌鱼一尾，小者二三尾煮汤，浴儿遍身，七窍俱到，不可嫌腥，以清水洗去也。若不信，但留一手或一足不洗，遇出痘时，则未洗处偏多也。此乃异人所传，不可轻易。"

上述有关鱼的俗信实例体现了"人性向物质东西的投影"[1]，反映了观念的幻想世界与现实的自然世界借助鱼的中介而实现的神秘的整合。

在口承文艺方面，有关鱼的神话传说和民间故事是精神文化领域里的大宗财富。有关化生与再生、星感与行天、载天与立极、行雨与传书及水族之神系等神话与传说，以及化生、乞宝、梦遇、报恩、惩戒、孝感、预知、法术等类民间故事，经口头传承和文字载录长留至今，成为我们从艺术哲学与宗教美学的视角认知鱼文化内蕴与功用的又一条重要路径。

在游乐习俗方面，鱼形玩具、灯具广泛见于游戏和舞乐。此外，民间还有观鱼、垂钓、畜养等鱼趣活动，以及斗鱼等博戏现象，反映了鱼文化在时人精神生活中所发挥的满足功能。

中国鱼文化是我国最早的文化形态之一，它的源起与发展有着生态的、心理的、宗教的和社会的诱因。

就生态条件而言，我们多水的星球给原始人类提供了无尽的食物资源，

---

[1] 〔美〕乔治·桑塔耶纳：《美感》，中国社会科学出版社1982年版，第93页。

不论是湖泊池沼，还是江河溪流，鱼类无处不有，自然成了临水而居的初民最早感知、认识并加以多方利用的对象。到了新石器时期，我国鱼文化空前地繁盛，当时正值全新世气温的"大西洋期"（约8000—5500年前），气候最为和暖，据竺可桢先生判断，仰韶文化时期的年平均气温要高于现在2℃左右[①]。当时中原地区河湖水量充足，水草丰茂，鱼类繁盛，并见有大量的热带、亚热带动物。至于地处东南宁绍平原上的河姆渡一带，气温更加温湿，相当于热带或亚热带的气候类型，那里水暖鱼肥，并长着菱角、芡实、莲藕、水稻等多种水生经济植物。暖热的气候，造就了一个水乡泽国式的生态环境。因此，不论是北方的仰韶文化遗址，还是南方的河姆渡文化遗址，当时都是鱼类资源十分丰富的自然生态区。

关于鱼文化萌勃的生态诱因，在我国古代神话和典籍中亦有迹可寻。《淮南子·览冥训》云："往古之时，四极废，九州裂，……水浩洋而不息。"《说文》解"州"曰："水中可居者曰州。"中国别称"九州"，王献唐先生说："以州名地，知当时悉为水国，羲皇前后皆为滨水之族矣。"[②]身居水国，先民自然利用水国生态，以食鱼为生。《尸子》曰："燧人之世，天下多水，故教民以渔。"可见，生态条件在很大程度上决定了经济方式，而经济方式又启动了文化模式的运动。

就心理因素而言，人类求生存、图发展的执着意向，使鱼文化具有明确的功利性。一方面，鱼是食物来源，是生产、生活的直接资料；另一方面，它又作为观念意象和"人化的自然"[③]，带上了"感觉的人性"，并同人的生命活动联系在一起。在民间，鱼作为偶合、多子的象征，甚至作为性器官的指代，较集中地体现了渔农经济制约下的民俗心理——对食物和子嗣的期望。中国鱼文化所体现的这一心理追求和社会功能正验证了恩格斯所说的"两种生产"，即："一方面是生活资料即食物、衣服、住房以及为此所必需的工具的生产；另一方面是人类自身的生产，即种的繁衍。"[④]

就人类最初的宗教情感而言，它出于认识和感悟世界的神秘意识，又表现为归附自然、崇拜自然的狂热，它的兴起是以人类早期的物质生产和

---

① 见计宏祥：《从哺乳动物化石来探讨中国新石器时代一些遗址的自然环境》，《史前研究》1985年第2期。

② 王献唐：《炎黄氏族文化考》，齐鲁书社1985年版，第508页。

③ 语出马克思《1844年经济学哲学手稿》。

④ 语出恩格斯《家庭、私有制和国家的起源》。

社会存在为前提的。有关鱼的信仰与崇拜是物质型鱼文化的衍生物，而不是鱼文化发轫的最初推力。鲁塞尔曾指出，"神秘主义是前进了的文化的较晚的现象"[1]，说出了前宗教文化与宗教文化的关系。恩格斯则从宗教的表现与内容上论述过自然条件和自然产物对宗教的作用。他说："最初的宗教表现是反映自然现象、季节更换等等的庆祝活动。一个部落或民族生活于其中的特定自然条件和自然产物，都被搬进了它的宗教里。"[2] 因此，有关鱼的信仰与崇拜也源起于对鱼的实际需要和精神依赖，作为人为的产物，它表现为一种文化的再创。当然，有关鱼的信仰和崇拜的萌生反过来又推进了鱼文化的发展，并使之在宗教神话、宗教艺术和宗教仪典中得到了充分的展现和夸张。

就文化社群而言，在新石器时期，在东西南北中的辽阔地域里，出现了多点辉映的文化热土。黄河上、中游地区，长江中、下游及太湖地区，辽东、山东及东南沿海一带，都是鱼文化活跃的流布区。仰韶文化的彩陶鱼图，河姆渡文化的木鱼、陶鱼及陶片上刻划的鱼纹，大溪文化的含鱼葬俗，红山文化的石鱼，良渚文化的玉鱼，以及龙山文化的贝雕鱼等，证明了鱼的信仰与崇拜曾是一共时的、广泛传承的文化现象，其中有异地共生，亦有相互播化。正是各文化点在历史发展中的交互作用，使得中国鱼文化的内涵变得愈来愈丰富、复杂，并最终成为中国文化体系中最有特色的支系之一。

中国鱼文化是传承性的符号系统，它以物质设施、语言文字、图像动作等而世代相传。

德国哲学家卡西尔称人是"符号的动物"，能利用符号去创造文化。[3] 符号的研究是认识人类文化的手段之一。

在物质设施方面，一切生产、生活的定型制品都具有符号的性质，它体现为一定的观念形态、技术经验与实际功用的结合。至于带有写实或象征图像的器物，更是饱含审美与功用意义的文化创造。彩陶、玉器、青铜器、画像砖石及其他各种材料的制品，都是鱼文化赖以展现和传承的载体，

---

[1] 〔法〕列维·布留尔：《原始思维》附录，商务印书馆1981年版。

[2] 见《马克思恩格斯全集》第27卷，人民出版社1972年版，第63页。

[3] 见庄锡昌、顾晓鸣、顾云深等编：《多维视野中的文化理论》，浙江人民出版社1987年版，第253页。

构成了它阶段性出现的符号群。仰韶文化彩陶上的鱼纹，留下了萌勃期鱼文化的印记；商周的玉鱼及青铜器上的鱼纹，汉代画像石中的鱼图等则反映了鱼文化在衍生期的发展；而唐宋的鱼纹金银制品、陶木鱼俑、鱼符、鸱尾等的广泛应用，则透露出鱼文化在新盛期的信息。可以说，一切程式化的物质制品都具有符号的性质，它们始终发挥着展示文化形态和承传文化传统的功能。

在语言文字方面，其符号的性质更为突出。有关鱼的神话传说和民间故事，以语言、声音为媒介在民间广为流传，并以鱼话诠释着鱼图、鱼事和鱼信，而文人的笔录墨记又以文字符号为它开辟了另一条传承路径。语言文字既是鱼文化建立系统的符号，又是联系主客体的中介，它在一定社会条件下的组合运用即便包含浓重的神秘气氛，仍有着确定的功能指向。正如法国学者列维·布留尔所说："对原始民族的思想来说，没有哪种知觉不包含在神秘的复合中，没有哪个现象只是现象，没有哪个符号只是符号。"[①] 不仅在原始族群中，就是在古代和近现代民族中，符号也不只是符号，它依存于一定的社会集体，它在实际运用中的组合关系能显示出意义的变化。然而，意义又是附着在符号之上的，它表现内容与结构、有意识产物与无意识产物的内在联系。正是从文化结构及其表现方式着眼，我们可以把鱼文化视作传承性的符号系统。

在图像、动作方面，鱼文化亦具有符号的性质。历代文物上的各类鱼图主要作为信仰观念的符号而习用，带有明显的程式化的倾向。从群单组合、鱼物化变着眼，中国鱼图的构图形式可大略分为单体鱼、双体鱼、连体鱼、变体鱼、人鱼图、鱼鸟图、鱼龙图、鱼兽图、异鱼图、鱼物图十种基本类型。它们虽各有功用，别具象征，但都作为协调人与自然、人与社会、人与自身精神现象的符号系列，在民俗氛围中世代传承并产生效应。至于鱼文化的动作符号，主要指拟鱼戏水的动作和舞蹈，表现出游乐与信仰交并统一的文化功能。例如，六月十八日广西苗民的"闹鱼节"，由两个男子腰捆茅草，相拥相抱，接连不断地在河中打滚儿，从河心直滚到滩头，他们以这种拟鱼的翻滚动作寄托驱邪兴利、祈兆繁盛的愿望。此外，古代妇女在上巳节下河沐浴的被禊活动也意在拟鱼。她们在水中边沐浴，边嬉戏，争食投放水中的枣儿、鸡蛋以为获孕之兆，表现为对原始的拟神、乐神巫风的承传。所以，

---

① 〔法〕列维－布留尔：《原始思维》，商务印书馆1981年版，第170页。

动作符号也是鱼文化的载体，构成其传承系统中的又一个重要环节。

中国鱼文化是不断变化发展的历史范畴，它受自然因素与社会因素的制约，其演进呈盛衰强弱的曲线运动。

从鱼文化显隐交替的运动曲线看，以彩陶鱼图为标志的新石器时期，以玉鱼和青铜铭纹为标志的商周时期，以画像砖石为标志的两汉时期，以墓俑、金银器及各种鱼纹器用为标志的唐宋时期，以民间鱼形俗用物品和鱼类风俗活动为标志的明清时期，是我国鱼文化历史发展中的五大高峰。若从发展史论的视角来考察，我们可将中国鱼文化的演进大略划分为四个阶段，即：萌勃期、衍生期、新盛期和迁化期。

"萌勃期"，从旧石器时代的山顶洞人阶段开始，直至新石器时代。其中，前期，即旧石器阶段，鱼作为主要食物来源，出现了鱼骨装饰和粗陋的渔猎工具；而后期，即新石器阶段，不仅作为物质文化标志的鱼镖、鱼钩、渔网、渔舟等大量出现，而且各类鱼图也作为信仰与崇拜的象征进入了精神生活的天地。此外，由鱼的信仰和生活需要所导致的图腾崇拜及有关的鱼俗、葬俗，又构成了原始社群文化的重要方面。这样，人类可观察的物质、精神、社会三种基本文化形态，都已在此期生成并趋向繁盛，并凸显了鱼文化的元素。

衍生期主要指上古时期，即商周到秦汉阶段。此期随着青铜器和铁器的发明所带来的生产力的巨大发展，以及社会形态的急剧变化，使鱼文化获得了新的发展契机，表现为文化形态的多样化和应用面的不断拓展，伴随着新的功用的产生，鱼图、鱼物在文化应用中出现了新的走向。

新盛期指中古时期，即隋、唐、五代至宋、辽这一历史阶段。此期，特别是初唐，由于国势的强盛和大规模的对外交流，中国鱼文化获得了重新调整的机遇，一方面部分恢复了远古的文物制度，另一方面又注入了新的外来的因素，出现了再度的繁盛。

迁化期，指宋以后到近现代这一历史阶段。此期中国鱼文化的内涵和形态发生了变迁与转化，即制度型鱼文化已逐步简约并潜隐，俗用型鱼文化事象大量产生，并变得愈来愈突出。中国鱼文化从礼器、陵寝、宫廷、官制等回归民间风俗的过程，表现为文化层面的滑动。这一转变和调整导致中国鱼文化在近现代文明面前获取了永不停息的发展机遇。

二、中国鱼文化的功能

中国鱼文化时历万古，地传九州，其持久的生命力就在于它具有永不消歇的功能。功能作为人的自然属性与社会属性的体现，是协调主客体相互关系的重要基础。功能引导着作为特殊自然力和社会力的文化创造，决定着宗教、民俗、艺术的生灭盛衰的转化。中国鱼文化是一定的自然环境与社会环境交互作用的结果，是先民的生活需要和精神追求的结晶，多变的功能是其丰富发展的前提。

（一）功能类型

中国鱼文化的复杂功能在不同的时空范畴与表现层面上有其类型的区分，除了用作食物以维系生命的基本需求外，作为启动文化创造的内力，它在社会组织、人伦观念、神话构想、宗教情感、哲学思考、巫术信仰、生产活动、艺术创作以及生活风俗中充分展现，发挥着组织、教化、认识、改造、选择、整合、满足等功能作用。

作为图腾崇拜物，鱼的这一功能在当时的氏族社会曾是强有力的族群聚合和社会组织手段。在仰韶文化的半坡时期或更早阶段，鱼的图腾崇拜就已经存在，当地出土的彩陶盆上的人面鱼纹就较为直观地表现了人和鱼混血、合体的图腾意识。直到今天，人鱼叠合的剪纸图案和香包刺绣在陕、甘一带仍传习未泯，其地缘性的构图特征表明，发轫于原始氏族社会的图腾艺术对当今的民俗艺术仍有着深远的影响。

作为生殖信仰的象征，鱼文化在当时的社群生活中具有"教化"的功能作用。新石器时代即已滥觞的鱼鸟纹、双鱼图和连体鱼图是生殖信仰的符号，它们在后世的生活器用上曾多次复现，甚至作为吉祥图饰长传至今。它作为对人口生产所进行的文化夸饰，也是对食物生产之外的另一种创造欲望的自然显现与主观表达。

作为丰稔物阜的象征，鱼文化在生产与生活的层面上展现出"改造"的功能。原始文化中的网鱼纹、网点纹，上古的"鱼丽"为"物多"之说，中古的鱼纹水标，近现代的"吉庆有余"图、"连年有余"图等，均表现为对丰稔、富足的追求，并寄托着改造生活的强烈愿望。

作为辟邪消灾的护神，鱼文化以鱼信、鱼俗的形式强化了时人的祈禳心理，仍体现着"改造"的功能作用。鱼在人工鱼饰、鱼骨器皿、鱼形门钥、正脊鸱尾、墓砖刻画、船体装饰等方面的具体应用，显示了这一功用的悠远和广泛，表现着人们近福远祸的心愿，并隐含着把握现世、改造生活的企望。

作为星精兽体的象征，鱼文化构建了中国的兽形宇宙模式，以其出自神话思维的叙说而在原始社群中发挥"认识"的功用。彩陶上的网点纹、水星纹，表现了鱼、星间的互代；汉墓画像石中的天文图、木刻星象图等，则较为直观地显现了鱼翔天河、鱼星叠合的神话宇宙观。

作为幻想中的世界之载体，鱼文化的这一功能亦有其认识作用。鱼为世界载体的宇宙观不独残留在原始神话中，也见之于考古实物，如马王堆一号汉墓的帛画，及陵寝前负碑的赑屃等。这一神话认识还派生出鱼与地震、洪水等灾变相关的信仰，直到现代科学兴起才渐趋消隐。

作为沟通天地、生死的神使，鱼类在观念中由水界而飞临"两极""两界"，发挥着心理的、信仰的整合功用。这一功用在葬俗、交际、仙话等层面上有所表现，先秦的玉鱼、铜鱼和帛画、铜匜上的鱼纹，汉代画像石中的引导图，古代人际交往中的使用"鱼素"之俗，以及乘鲤化仙的仙道传说等，都演示着鱼所具有的"乘骑"与"先导"的神话职能。

鱼作为阴阳两仪的象征，具有哲学思考的意味，除了道家抽象的太极之说，在民俗风物中则寄寓着抱合、化变的功利心理。这一功能在葬俗中最为多见，双鱼图、鱼鸟图、人首鱼身俑等，均有把握阴阳转合，推动生死往复的寓意。

鱼作为通灵善化的神物，反映了古人求生延命的信仰和亨通腾达的观念，其构成形式包容着外来因素和重创成分，展示出整合的功能。神话传说中的各类异鱼，商周的玉鱼刻刀，中古出现的体现中印文化合流的产物——摩羯纹，近现代犹广传民间的"鲤跃龙门"吉祥图饰等，均以善变、腾达、升迁、护卫的追求为其存在与应用的前提。

鱼作为巫药及占验的法具，表达了人们关注自身的信仰观念，它或为除病免患，康泰平安，或为探测吉凶，决断行止，表现出鱼文化具有选择的功能。《山海经》《本草纲目》《异鱼图赞笺》《坤舆图说》等典籍记有药用的巫鱼，而载录鱼占、鱼兆的文献更其繁杂，甚至还包括史书和地志中也有所涉及。可见，鱼文化的选择功能历来颇受瞩目。

鱼作为祭祀与祝贺的礼物，构成制度型鱼文化的重要方面。以鱼祭神、祀祖的礼俗发端于上古，已留有文字、图像、行为与口谈的丰富资料。同时，以鱼为交际的礼物也在古风今俗中显而易见。诸如，来客送鲤，婚嫁"回鱼箸"，以"鲛绡"手帕为赠遗，以大鱼为年礼等，均把礼神与礼人相牵，演示着鱼文化形式的增繁与功用的广阔。

作为游乐与赏玩的对象，鱼文化在民俗生活中也有广泛的应用，表现出满足功能的巨大活力。各类鱼灯、鱼形玩具、鱼戏节目、鱼趣活动、拟鱼舞蹈、斗鱼博戏等，传导出鱼文化中愉悦开朗的生活情趣。

（二）功能特征

中国鱼文化的功能具有多元性、转换性和确定性的特征。

功能的多元性来自自然世界和社会生活的丰富性，以及不同地域和民族间的永动不息的文化触染。它能在不同的文化结构层次上展开，发挥组织、教化、认识、整合、满足、改造、选择、向心等作用。功能的转换性来自社会生活的渐进性，它能随物质世界与人类社会的发展而相应变化，使主体在文化创造中赢得了相对的自由。功能的确定性来自人类文化创造的目标性，在一定历史范畴和一定的地理空间中，文化虽有纷繁杂沓的外在形式，但总有明确的、一贯的内在目标。正是功能的这种确定性，导致了价值观念的产生。

当某些功能观、价值观为全民族所认定，并成为全民族生活依归的准则，它就能升华为民族精神。

功能的多元性是鱼文化多元化的前提，它决定了在价值取向上相异或对立的子系统的形成，即区分出主文化与亚文化的成分。

在中国，鱼类作为人类的恩主，是最初的自然崇拜对象，它在早期的氏族社会中甚至作为图腾物而占据过显赫的地位，表生殖、繁盛、物阜是其经久不衰的主要功能，而与此相关的一切民俗、宗教、艺术等活动都在鱼文化的系统中展现出主文化的性质。由主要功能而演化出的鱼的神使职能、辟邪的护神性质、世界之载体、星精之兽体、通灵善化之物、鱼祭鱼贺之礼、游乐赏玩对象等身份与功能，使其作为主文化衍生物的子系统，体现出亚文化的性质。

例如，从崇拜的对象演变为供献祖灵、天神的祭品，从护神、恩主的地位而转化为人的赏乐的对象，从赖以维生的食物增衍为巫术的法具和占验法物等，都反映出功能的转移和价值倾向的异动。它们与作为主文化的成分同源异向，但并非根本对立，因而以文化亚种的性质表现出鱼文化的多样性和多元化。

与"鱼丽，言太平、年丰、物多也"[①]之说相反，鱼出亦作灾祸之征。例如，有说河鱼大上为灾[②]；有说天陨鱼，人失其所。元人陶宗仪《辍耕录》曰：

> 至正丙午八月辛酉，上海县浦东俞店桥南，牧羊儿三四闻头上恰恰有声，仰视之，流光中陨一鱼，其状不常见，……或者曰："志有云：天陨鱼，人民失所之象。"

还有说，鱼上屋为有兵象。据《隋书·五行志》载：

> 昔魏嘉平四年，鱼集武库屋上，王肃以为，鱼生于水而亡于屋，水之物失其所也，边将殆有弃甲之变。后果有东关之败。

此外，《山海经》中有"见则天下大旱"的薄鱼[③]，"见则其邑大水"的嬴鱼等凶鱼[④]，其价值倾向与鱼作为赐福辟祸的恩神观念完全对立，也表现为鱼文化功能的转移和价值倾向的异变。

功能的转换性是鱼文化发展的契机，它体现为人在自然无限发展过程中的不断创造和人的社会存在必不可少的经常的信息交换。

鱼文化作为源于自然的人类产物，其本身就表现为人与自然和人与社会的关联。自然界的发展，物候的变化，人类认知范围的拓展，食物及生活资料的不断开发，使鱼文化中的自然因素不断变易；而人自身的发展，知识的积累，技术的进步，社会的演进，心理与心智的发展，生活方式、价值观念与思维方式的改变等，又使鱼文化中的人的因素不可避免地发生

---

① 《尔雅·释地》。
② 《汉书·五行志》载："秦始皇八年，河鱼大上，刘向以为近鱼孽也。"
③ 见《山海经·东山经》。
④ 见《山海经·西山经》。

变化。

"文化鱼"作为人为的自然之物，或自然的人为之物，先天地交织着自然与人类社会的两路信息，因而在任何一路上出现的些微变化，都将导致它的功能与形态的变迁。食物资源的重新开辟，使鱼的恩主地位发生动摇，求发展取代了求生存，最初的食物与图腾物演变为生殖崇拜与祈盼丰稔的象征。先民们一面注重生存，求得发展，一面又把对自然物的关注扩展到自身以外的广袤空间，他们往往以熟知的动物去比附未知的自然和宇宙，用已有的文化材料和文化手段去构筑朦胧的宇宙模式。生息在诸夏大地上的先民则以乌（金乌）、蛙（蟾蜍）、鱼等去表现对宇宙"三光"日、月、星的神秘认识，导致了鱼为世界载体、鱼为星精兽体等兽形神话宇宙观的产生。随着历史的演进，中国鱼文化包容进越来越多的社会信息，它在宗教、民俗、艺术等诸多方面得到了充实和加强，从而又导致鱼祭、鱼器、鱼趣等文化现象的普遍产生。

功能的确定性是鱼文化传统定势形成的推力。

功能作为一种无形的潜在的意向，体现在一切外显的可观文化之中，它是每一物象与事象赖以存在的根系，构成人类创造活动的内在诱因。只有当人类的创造活动有明确的功能指向，表现出意识的存在和价值的追求时，人类的生命活动才不同于动物。马克思曾指出："动物和它的生命活动是直接同一的。动物不把自己同自己的生命活动区别开来。……人则使自己的生命活动本身变成自己的意志和意识的对象。他的生命活动是有意识的。"[①] 正因为人的生命活动是有意识的，顺应了自然的规律，成为一种有目的、有价值、恒久不辍的创造发展，因而产生了鱼文化功能的定向运动，其传承中的一定积累便转易为文化的定势，从而形成文化风格与文化传统。

鱼文化功能的确定性表现在一定的历史的与地理的范畴中，既体现在其主文化方面，也体现在其亚文化方面，始终伴随着鱼文化传承与演进的动态过程。例如，鱼文化表繁盛丰稔、赐福辟祸的传统定势，至今仍在民间生活的某些层面展开，使鱼成为中国民俗中历时最久，流布最广的吉祥喜庆的象征。追求美满、太平的确定而又一贯的功能观念，使鱼文化的上

---

① 见《马克思恩格斯全集》第 42 卷，人民出版社 1972 年版，第 96 页。

述传统得以代代相传，并成为新样式、新应用纷纭迭出的重要根由。

鱼文化的功能是潜隐的心理机制的反映，它借助物质设施、仪礼制度、风俗习惯和语言、文字、图像、动作等符号而显现。功能的类型作为人为的界定与类归，本身无所谓高低优劣，亦无消长变化，而功能的内容与指向则是一个历史的文化变量，它受自然力、生产力、道德力的制约，或著或微，或消或长，表现为文化形态的永不停息的运动。

就具体事象而言，鱼文化在发展中虽有盛衰替变，然其文化元素却不会突然骤灭，它具有聚合再生的化合力和包容复现的生命力，并由此在发展轨迹上呈现出"显文化"与"潜文化"的可逆往复。就鱼文化在社会文化整体中的比重看，自宋代以后趋于衰减，然而其元素符号仍随处可见，并时常以新的形式渗透到现代生活之中，并能得到实际的应用。可以预见，在未来的生活中，鱼文化仍将以鲜明的民族特色和多变的外显形式展现我们民族文化的风采。

中国鱼文化研究的任务，就在于把握各类物象、事象、语象、心象的各种外显与内隐的要素，透过其迷离纷乱的符号群，揭示其个中的奥秘，在摸清它的历史发展与内外关联的同时，探悉和把握潜藏深层的文化思维与心理机制，从而认知民族精神，洞察文化传统，了解其来龙与去脉，为优秀文化传统的保护和新的当代应用选径探路。

第二章　内涵举释

一、捕鱼之术

我国是鱼类资源十分丰饶的国家，地质学的资料表明，自古生代以来我国就有鱼类繁生，至新生代第三纪，鱼群已遍及各地。从考古学材料看，旧石器文化遗址多伴有鱼骨出土，鱼是最初的人工食物和文化创造的对象。可以肯定地说，生息在中华大地上的人类祖先，正是在旧石器时代就已开始了捕鱼经验的积累与方法的摸索，并形成了多种捕鱼之术。至新石器时代，掌握多种捕鱼技术的先民开始大量使用渔具，原始渔业已发展成为最初的经济部门。

考古发掘证实，在新石器时代的不同文化遗址中，都有众多的渔具出土，不论是在粟作区，还是在稻作区，渔业在原始经济中均占有重要地位，形成了渔农经济的构成部分。在西安半坡仰韶文化遗址，出土了死柄的和脱柄的穿孔带槽的鱼镖，磨有倒钩的鱼叉，直式与曲式的骨质与牙制的鱼钩，以及大量的石制网坠。仰韶文化彩陶上的网纹、网鱼纹、网波纹、网点纹等，表明了张网捕鱼已成为当时最重要的技术手段和文化现象。在东南河姆渡文化遗址，出土了木桨、陶舟及织网工具，捕鱼活动已由水滨滩头扩展到湖心海上。

进入古代文明社会，我国的捕鱼之术更其发展，甚至出现了动物渔获、声光诱取、投药毒杀等特殊渔法，而原有的渔具则变得更为精细而纷繁。唐诗人陆龟蒙、皮日休等曾作有多首《渔具诗》。陆龟蒙的《钓车》诗云：

> 溪上持只轮，溪边指茅屋。
> 闲乘风水便，敢议朱丹毂。
> 高多倚衡惧，下有折轴速。

> 曷若载消遥，归来卧云族。

除钓车外，还有鱼叉、弓箭等渔具。陆龟蒙的《射鱼》诗云：

> 弯弓注碧浔，掉尾行凉沚。
> 青枫一晚照，正在澄明里。
> 抨弦断荷扇，溅血殷芰蕊。
> 若使禽荒闻，移之暴烟水。

皮日休则写有《奉和鲁望渔具十五咏》，其中包括"网""罩""钓筒""鱼梁""沪""药鱼"等。其《药鱼》诗云：

> 吾无竭泽心，何用药鱼药。
> 见说放溪上，点点波光恶。
> 食时竞夷犹，死者争纷泊。
> 何必重伤鱼，毒泾犹可作。

明代王鏊在《姑苏志》中也对各种渔具做了载述：

> 大凡结绳持网者，总谓之网。罟之流曰罛，曰罾，曰罜；圆而纵捨曰罩……缗而竿者，总谓之筌。筌之流曰筒，曰车；横川曰梁，承虚曰笱，编而沉之曰篅，矛而卓之曰猎矛也。棘而中之曰叉，镞而纶之曰射，扣而駴之曰根。……列竹于海澨曰沪，吴之沪渎是也。错薪于水中曰籍，所载之舟曰舴艋，所贮之器曰笭箵。[①]

古之诗书杂传所载渔具、渔术甚丰，王鏊将明代时犹"闻见可考，而验不诬"之渔事，归纳为"十五题"。他写道：

> 其所谓十五题者，曰网，曰罩，曰圆，曰钓筒，曰钓车，曰鱼梁，曰叉鱼，曰射鱼，曰鸣根，曰沪，曰籍，曰种鱼，曰药鱼，曰舴艋，

---

① 《钦定四库全书·姑苏志》卷十三。

曰笭箵。[1]

“十五题”中之渔术，不少至今犹见。作为捕鱼技术与文化手段，它不仅是鱼文化的历史记录，至今仍具有应用与研究的价值。

可以说，捕鱼之术既是生产活动，技术经验，也是文化行为，作为物态与动态的鱼文化的成果，它亦构成鱼文化宝库中的一宗财富。现且举钩钓网捕、舟取声驱、动物渔获、积柴做礁、光诱药杀诸类以略加论说。

（一）钩钓网捕

1. 钩钓

远在石器时代，人类先祖已发明了钩钓之术，新石器时代出现的精致的骨钩，表明其有久远的发展历史。（图 1）其实，最初的钓鱼之法不用鱼钩，而是选用有弹性的树枝或竹条，拴上野麻绳，绳头扣上蚯蚓类诱饵，插入水中，使绳绷紧，发现竿头微动立即猛拉出水以获鱼。[2] 至于金属鱼钩的制作与应用，在我国亦历史悠久。1972 年在河南偃师二里头早于商代的文化遗址中发现了铜鱼钩、铜箭头等物，被学界认为是夏代的青铜器。[3] 垂钓鱼法因简便易行，故数千年传习未衰。

图 1　骨鱼钩

垂钓不独在岸边或石矶上进行，也有泛舟中流、沉钩巨浪的钓事。例如，吴地人“以其生长江湖，尽得水族之性”，“秋风大发，以舟载钓，系

① 《钦定四库全书·姑苏志》卷十三。

② 参见曲石：《从考古发现看我国古代捕鱼的起源与发展》，《农业考古》1986 年第 2 期。

③ 安志敏：《中国早期铜器的几个问题》，《考古学报》1981 年第 3 期。

饵沉之巨浪中取白鱼，谓之'钓白'"。[①]生于水乡泽国的吴地人，本是以鱼为标志的族群，在吴语中"吴"与"鱼"的发音相同，因此，他们乐于亲近鱼类，并擅搏风击浪，当然也表现出渔术的高超。

垂钓之事不仅兴之于渔业，也见之于诗文。《论语·述而》中有"子钓而不网"之述，《诗经·小雅·采绿》中有"其钓维何，维鲂及鱮"之句。此外，楚人宋玉写有《钓赋》，魏文帝作有乐府诗《钓竿》，至于唐代诗人的咏钓之句更是多不胜数。[②]钩钓之术还记录于中国古代神话与传说之中，如龙伯国大人因"一钓而连六鳌，合负而趣，归其国"，使"岱舆、员峤二山流于北极，沉于大海"[③]，"五神山"遂变为"三神山"。《淮南子·说山训》中有"詹公钓千岁之鲤"之说，《吕氏春秋》则言及"太公钓于滋泉以遇文王"的故事。垂钓传说还导致了一些名景胜地的出现。例如，陕西宝鸡县磻溪有周太公望钓鱼处，山东鄄城县有庄子钓台遗址，江苏淮安县北有汉淮阴侯韩信垂钓处，等等。

可以说，钩钓之术的兴起与传习，不仅在物质文化领域中影响深远，而且也在语言文学和精神观念中留有趣闻故事和文化印记。

2. 网捕

结绳为网是渔具发展中的重要突破，作为大规模获取鱼类的手段及协同性劳作方式，它推动了原始渔业发展成为一种较为稳定的社会经济部门。我们在仰韶文化半坡遗址、庙底沟遗址、北首岭遗址，以及在马家窑文化遗址、半山文化遗址、马厂文化遗址、齐家文化遗址等处出土的彩陶上，能见到各种网纹图饰。（图2）

显然，在新石器时期，网捞技术不仅得到了普遍的应用，而且融入了当时的信仰活动和艺术创造之中，并且在一定程度上显示了先民以生产力战胜自然力的信心。

网捕之法在渔获方面的进步早就受到了古人的认定，《淮南子·原道训》曰：

---

① 《钦定四库全书·姑苏志》卷十三。
② 李白《赠薛校书》："未夸观涛作，空郁钓鳌心。"杜甫《重过何氏五首》之三："翡翠鸣衣桁，蜻蜓立钓丝。"杜牧《汉江诗》："南去北来人自老，夕阳长送钓船归。"高适《渔父歌》："笋皮笠子荷叶衣，心无所营守钓矶。"
③ 《列子·汤问》。

陶盆　半山文化遗址出土

陶盆　庙底沟遗址出土

陶壶　北首岭遗址出土

图2　新石器时期的网纹彩陶

> 夫临江而钓，旷月而不能盈箩，虽有钩箴芒距，微纶芳饵，加之以詹何娟嬛之数，犹不能与网罟争得也。

由于网罟之用是古代重大的渔术突破，故被归功于神话传说中的文化创造英雄。这位功高盖世的大英雄被称作"庖牺氏"，或称作"伏羲"，名称不一，实乃一人①。《隋书·音乐志》说："伊耆有苇籥之音，伏羲有网罟之咏。"《说文解字注》解"网"曰："网，庖牺氏所结绳以佃以渔也。"甚至连仙话故事也借取伏羲造网神话，以推衍出长生不老之说。《洞冥记》中有这样的载述：

> 黄安，代郡人也。年可八十余。视如童子，常服朱砂，举体皆赤。冬不省裘，坐一神龟，广二尺。人问："子坐此龟几年矣？"对曰："昔伏羲始造网罟，获此龟以援吾，吾坐龟背已平矣。此虫畏日月之光，二千岁一出头，吾坐此龟已见五出头矣。"行即负龟以趋。世人谓黄安万岁矣。②

---

① 徐宗元《帝王世纪辑存》卷一云："庖牺氏，风始也。制嫁娶之礼，取牺牲以充庖厨，以食天下，故号庖牺。后或谓之伏牺。"

② 《骈字类编》卷一百六十一。

仙话虽为妄说，但也透露出重要的文化信息，即强调网罟为伏羲所造，人类借此而延续生命。实际上，它是对网罟之用所开辟的稳定的食物来源加以了神圣化的描述。

我国网罟的形制与捕法极为丰富，除了各种单网渔法，还有多网式的"摇网"，以及多层式的"三等网"等。

所谓"摇网"者，即"一舟辍网十数容与中流，网为疏目，上浮竹筒，下垂水际。鱼过者钻触求进，愈触愈束，愈怒则颊张鬣舒，钩著于目，致不可脱"①。

所谓"三等网"者，为太湖渔人行湖中捕鱼之用，"最下为铁脚，鱼之善沉者遇之，中为大丝网，上为浮网，以截鱼无遗"②。

网捕之术的兴盛，服务于古代"以佃以渔"的渔农经济，成为我们祖先赖以谋生立命的物质基础。除了原始艺术中的网纹图饰，古人诗文中对网罩等渔具亦多有提及。苏轼有"行行玩村落，户户悬网罩"③之诗，庄子则有"钩饵网罟罾笱之知多，则鱼乱于水矣"④之叹。可见，网捕作为中国鱼文化的成果之一，与先民的食物需求和文化创造息息相关，网捕不仅是渔获技术的进步，也是文化的创造与发展。

（二）舟取声驱

河姆渡遗址出土的木桨与陶舟，揭示了我国的造船历史可上推到新石器时代。舟楫之利拓广了生产与生活的空间，把原始渔业的发展推向了新的高度。舟楫的发明与应用，不仅使鱼类食物的获取量极大地增长，也促进了不同地域族群间的交通与联系，其在文化发展史上的意义不可等闲视之。

同网罟一样，古人把舟楫的发明与创制也归功于传说中的半神半人的文化英雄们。《说文》曰：

> 舟，船也。古者共鼓、货狄，刳木为舟，剡木为楫，以济不通。

---

① 《续修盐城县志》卷四"产殖·渔航"。
② 《钦定四库全书·姑苏志》卷十三。
③ （北宋）苏轼：《留题甘泉寺诗》。
④ 《庄子·胠箧》。

《世本·作篇》亦云:"共鼓、货狄作舟。"宋衷注:"二人并黄帝臣。"此说隐含对轩辕氏的尊崇与褒美。

《山海经·海内经》则曰:"帝俊生禺虢。禺虢生淫梁,淫梁生番禺．是始为舟。"《墨子·非儒下》曰:"巧垂作舟。""巧垂"又作"巧倕"。《山海经·海内经》又云:"帝俊生三身,三身生义均,义均是始为巧倕,是始作下民百巧。"番禺、巧倕均为帝俊之后裔,此说又为对东方上帝的礼赞。

此外,《发蒙记》云:"伯益作舟。"伯益,名益,又称"伯翳",是与大禹同治洪水的传说英雄。《孟子·滕文公下》曰:

> 当尧之时,天下犹未平;洪水横流,氾滥于天下。尧独忧之,举舜而敷治焉。舜使益掌火,益烈山泽而焚之,禽兽逃匿。禹疏九河,瀹济、漯而注诸海,决汝、汉,排淮、泗而注之江,然后中国可得而食也。

此说将造舟英雄伯益与传说中的人帝尧、舜相联,略具史证意义。因伯益掌火,而用火焚木正是剞劂的具体准备,因此伯益造舟说较能反映当时的工具与技术的实际。古籍中还有"虞姁作舟"和"化狐作舟"等说法,[①] 反映了古人对舟楫的特别关注。

舟楫之创用无疑是为了渔事,它使钩钓网捕的渔业活动离开了江河湖海的岸边,真正引到了水上。由此,在渔事中出现了舟法和新的捕法,其中声驱之术得以应用,并有"桹""芜""响团"等捕捞方式。

所谓"桹",是击舟或击板,以声驱鱼之法。《姑苏志》卷十三载:"扣而駴之曰桹。以薄板置瓦器上,击之以驱鱼。"此法以声惊鱼,使其呆滞不灵,从而易于网取。

所谓"芜",是以杂草或柴木积水上,以竹器发声,令鱼藏身柴草之下而获取。《姑苏志》又载:"扣竹器以出之,薪而招之者,为'芜'。"

所谓"响团",是以声驱之术与舟列之法并用的渔获形式。《续修盐城县志》卷四载:"响团者,群舟环水上鸣钲击鼓以惊鱼,待其入罟而取之。"这是先列阵布网,再以声驱取的渔法。

---

① 《吕氏春秋》曰:"虞姁作舟。"《物理论》曰:"化狐作舟。"见《康熙字典》未集下。

与声驱相连，还有听声下网的捕法。李时珍曾对石首鱼的捕捉做过记述：

> 每岁四月，来自海洋，绵亘数里，其声如雷。渔人以竹筒探水底，闻其声乃下网截取之。①

此外，在掌握声学获鱼的技术同时，还常配之以一定的舟法，如"响团"之术中的"环舟"法，另外还有"数舟连络，发其匿而得之"的"艋艘"法，以及"或方行，或反行，或前后相尾"的"舴艋"法等。

伴随着舟楫之兴，声驱舟取的渔术表现为对物理、事理的洞悉，也是对物质型鱼文化的丰富和发展。

（三）动物渔获

利用动物渔获堪称特殊的渔法，它是经过对动物食物链长期观察与实践而形成的新型渔业活动。同人类驯化野牛进行大田耕作一样，它在一定程度上表现了人类对自然物的认知与驱使，由于自然物种被附加了工具的性质，人类的智力活动在渔事中实已构成了生产力的发展因素。我国利用动物捕鱼已有千年以上的历史，其渔法主要是驯化鸬鹚和水獭以捕鱼，因它们"取鱼胜于网罟"②，故至今犹有所见。

1. 鸬鹚捕鱼

鸬鹚（Phalacrocorax carbo sinensis），一名"鷧"，又称"鱼鹰""鱼鸦"，江苏人谓之"水老鸦"③，四川人则俗称之为"乌鬼"。

我国利用鸬鹚捕鱼当在唐代以前。杜甫《遣闷》诗中有"家家养乌鬼，顿顿食黄鱼"句。唐人李延寿在《北史》中还提及倭人"以小环挂鸬鹚项，令入水捕鱼，日得百余头"④。可见，在唐代人们不仅知道养鸬鹚获鱼甚丰，且已成为家家饲养的寻常现象。不过，李延寿在记述域外渔事异俗时，恐不知蜀人之"乌鬼"就是鸬鹚，在川地鸬鹚本极普遍，因此倭国的鸬鹚也算不得什么奇闻。

---

① 转引自邱锋：《中国淡水渔业史话》，《农业考古》1982 年第 1 期。
② （明）宋应升：《饲乌鬼》。
③ （清）段玉裁《说文解字注》："鸬鹚，今江苏人谓之水老鸦，畜以捕鱼。"
④ 《北史》列传第八十二《倭》。

宋人沈括在《梦溪笔谈》中也言及鸬鹚的驯养与捕鱼，并以亲眼所见来验证书籍的载述。他写道：

> 《夔州图经》称，峡中人谓鸬鹚为乌鬼，蜀人临水居者皆养鸬鹚，绳系其颈，使之捕鱼，得鱼则倒提出之。至今如此。予在蜀中见人家养鸬鹚使捕鱼，信然。但不知谓之乌鬼耳。

可见，由于方言的关系、像沈括这样的渊博学子，先前也不知道鸬鹚又称作"乌鬼"。

此外，鸬鹚还有"慈老人"之称。据《正字通》载：

> 鸬鹚，俗呼"慈老人"，畜之以绳，约其嗉，才通小鱼，其大鱼不可下。时呼而取之，复遣去。

"慈老人"这一名称看来是针对鸬鹚捕不知倦、捕而不食的戏称，同时也流露出渔师们对它的感戴之情。鸬鹚名称的错杂，正说明对它的驯养与利用在我国并非局限一隅，而是各地多用的渔法。

驯养鸬鹚不仅成了特殊的渔法，而且还演成神秘的巫仪。据《邵氏闻见录》载：

> 夔峡之人岁在正月十一日为曹，设牲酒于田间，已而众操兵大噪，谓之养乌鬼。

夔峡之人因"家家养乌鬼"，鸬鹚实已成为他们生产的帮手和生活的支柱。因此，由感恩而产生崇拜，这本是很自然的事情。正如江南蚕农崇拜"马头娘"一样，夔峡人"养乌鬼"之祭祀巫风，亦求受益多获。此外，"操兵大噪"的巫仪恐与"乌鬼"名称的联想与忌讳相关。在鸬鹚未被驯化前，夔州方言中当已有"乌鬼"之称，其被驯化后，家饲户养，为避"鬼"进家门，乃"操兵大噪"以攘之。因鬼畏刀剑，刀剑作为利器经火炼而被赋予驱邪之功，故夔峡人在巫仪中操刀。传言鬼畏巨响，爆竹既能驱鬼，故夔峡人"大噪"以退之。经此巫仪，渔人相信，"乌鬼"精魂已驱避，而形魄仍留，故可养以捕鱼，有益而无害。

今大江南北的水乡渔人仍饲养鸬鹚，出渔时，鸬鹚群立舟头，由渔人点篙带往波心，渔事完上岸后，鸬鹚拥蹲空篮，由舟人肩荷回村。由于鸬鹚"取鱼胜于网罟"，且能"易钱无数"，因而被视作一种可靠的渔术。

2. 养獭渔获

水獭（Lutra lutra），半水栖兽类，属哺乳纲鼬科，喜食鱼类。《说文》称之为"水狗"，《玉篇》则云："獭，如猫，居水食鱼。"

水獭食鱼之性早在先秦以前就被发现，在我国典籍中多有"獭祭鱼"的记述。除了《夏小正》有所载述，《礼记·月令》亦曰：

> 孟春月，东风解冻，蛰虫始振，鱼上冰，獭祭鱼，鸿雁来。

《礼记·王制》也曰："獭祭鱼，然后虞人入泽梁。"所谓"獭祭鱼"已成为古人把握节令的物候之征。到了明代，李时珍还在《本草纲目》中援引《王氏字说》云："正月、十月，獭两祭鱼，知报本反始。"可见，獭祭与时令的关系至为密切。

"獭祭鱼"的误说与水獭对鱼的贪捕乱弃有关。《埤雅》释曰：

> 獭兽，西方白虎之属，似狐而小，青黑色，肤如伏翼。取鲤于水裔，四方陈之，进而弗食，世谓之祭鱼。

"白虎"凶暴性贪，水獭将鱼陈之而弗食，又惯于弃之迤逦，因此，古人所说的"獭祭鱼"，实际上是对水獭善捕滥食之性的观察与记录。

我国养獭捕鱼的历史最早，在梁代（502—567）的《本草图经》中已有驯养水獭的记载，比欧洲要早八百多年。[①]在唐代的文献中已有明确的关于养獭获鱼的记述。唐人段成式的《酉阳杂俎》曰：

> 元和末，均州郧乡县有百姓年七十，养獭十余头，捕鱼为业，隔日一放。将放时，先闭于深沟斗门内，令饥，然后放之，无网罟之劳，而获利甚厚。令人抵掌呼之，群獭皆至，缘襟籍膝，驯若守狗。户部郎中李福亲见之。

---

① 参见邱锋：《中国淡水渔业史话》，《农业考古》1982 年第 1 期。

此外，唐人张鷟的《朝野佥载》另载：

> 通州界内多獭，各有主养之，并在河侧岸间，獭若入穴，插雉尾
> 于獭穴前，獭即不敢出；去却尾，即出。得鱼必须上岸，人便夺之。
> 取得多，然后放，令自吃，吃饱即鸣仗驱之，插尾更不敢出。

可见，在唐代养獭捕鱼已不是个别现象，其饲法与捕法已相当成熟。

李时珍也曾记述过驯獭捕鱼，他说："獭状似青狐而小，毛色青黑似
狗，肤如伏翼，长尾四足，水居食鱼。能知水信为穴，乡人以占潦旱，如
鹊巢知风也。……今川沔渔舟，往往驯畜，使之捕鱼甚捷。"这种以物制物
的生物渔法的出现和长期利用，表明了我国古代捕鱼之术的多样和先进。

（四）积柴做礁

积柴木于水中或垒木石以为鱼礁的捕鱼之术，在我国的创用亦历史久
远。其中，设柴木以诱捕的渔业方式，被称之为"罧业"。

"罧"，在古代中国又有"椮""涔""槮"之称。《尔雅·释器》曰：
"罧，谓之涔。"晋人郭璞注云："今之作椮者，聚积柴木于水中，鱼得寒，
入其里藏隐，因以薄围取之。"《小尔雅》则说；"鱼之所息谓之槮。槮，涔
也，集柴水中而鱼舍焉。"《小尔雅义证》则引高诱的解释说：

> 罧者，以柴积水中以取鱼，鱼闻击舟声藏柴下，因而取之也。

另，《韩诗章句》释"涔"曰："涔，鱼池也。"[1] 因此，所谓"罧业"，就是
设隐蔽物以诱鱼，在河湖之中开辟"鱼池"，以创造适于捕捞的条件。

我国的"罧业"在中古以前就已盛行，在历代诗文中也多见咏赋。汉
代扬雄《蜀都赋》中有"茏睢瞵兮罧布列，枚罘施兮纤繁出"句；建安
（196—220）诗人曹植的《感节赋》中有"见游鱼之涔灂，感流波之悲声"
句；宋诗人王安石《次韵昌叔岁暮》诗中则有"槮密鱼虽暖，巢危鹤更阴"
之咏。以诗体记述"罧业"最为明确的，要数唐诗人陆龟蒙。他写有《渔

---

① 《康熙字典》巳集上。

具诗》多首，其中有斩木为罧之诗：

> 斩木置水中，枝条互相蔽。
> 寒鱼逐加此，自以为生计。
> 春水忽融洽，尽取无遗尔。
> 所托成祸机，临以一凝睇。

"罧业"为冬季的捕鱼之术，根据自然环境与人工环境的不同，又分成"生罧"和"熟罧"两种渔法。

"生罧"是利用天然条件做成"鱼池"，即选择水草丰茂、水缓底深的鱼类麇集越冬之地作"罧场"，用竹帘沿其四周设防包抄，由外向内逐步收缩，然后利用箔网、麻罩等网具加以捕捞。

"熟罧"则是在河湖中预先选定合适的水域，用人工方式创造鱼类隐蔽越冬的环境。一般要对水底先行加工，掏成凹坑或坑道，然后在周围插上树枝、竹帘、柴草之类，并设草把漂浮"罧场"以诱鱼前来。过一段时日，待鱼聚集众多，则从外向内抽罧移帘，将鱼驱入罧心后再以渔具捕获。①

如果说"罧业"与"人工鱼礁"相类，那么广西天峨山布柳河乡民至今沿用的"鱼晾"捕法，则与之十分相近。此法一般在大深塘的滩头构筑，用大木桩扎进河底，中间形成一道"空墙"，两边用竹苇垫住，中间填入卵石；做成斜面，出水口下满铺竹竿，做成晒台似的"鱼床"，四周围以竹篱。鱼顺水进入出口闸，掉入"鱼床"中，只能进，不能出，成为易捉易拿的"床上之鱼"。每年农历七八月，当地人用此渔法一夜可获鱼几百斤，至少可捉二三十斤。②

积柴做礁的渔法着眼于捕鱼环境的勘察、利用与改造，它是渔具改良之外的又一有效的渔术。此术从生态学的角度楔入渔业活动，开拓了物质型鱼文化的新形式和新空间。

---

① 参见田恩善:《网具的起源与人工鱼礁小考》,《农业考古》1982 年第 1 期。
② 参见莫羽翼:《布柳鱼趣录》,《人民日报》(海外版) 1988 年 10 月 6 日。

（五）光诱药杀

利用光诱、药杀之类的物理、化学手段以获鱼，也是我国古代的特殊渔法。它不仅是富有实效的应用渔术，也可以说在渔农经济中具有科学实验的意义。

1. 光诱

光诱渔术的应用，基于对鱼类具有趋光特性的认识。其中，以渔灯诱捕作为利用光学捕鱼的最初尝试，往往与某种特定鱼类的捕捞及对渔汛的掌握相联系。

据文献载，鹅毛鱼的捕捞靠的是小艇和灯火，其渔法就采用"光诱"之术：

> 鹅毛鱼出东海，不用网罟，二人乘小艇，张灯艇中，鱼见灯光即上艇，须臾而盈，多则去灯，否则不胜载矣。[1]

此外，《续修盐城县志》卷四也描绘了渔汛中黄海渔人千舟"夜渔"的壮观图景：

> 群千百，夜张灯如市，迎溜施罛，罛形大口而锐末。春暮为鱼出嘨子之候，唼喋而上，纷沓如云，触罛不能去，大小壅积。起罛时或苦鱼多不可胜取，辄割其半弃焉。

这里的"张灯如市"，非独照明之用，主要意在聚鱼，发挥"光诱"之功。从上述"夜渔"案例可见，灯光取鱼，乃事半而功倍。

在我国古代的"光诱"渔术中，最为特殊的是"动物灯"的利用。例如，古人利用萤火虫能发光的物种特点来捕鱼，从而形成了"荧火聚鱼"之术。

萤火虫（Luciola vitticollis），属昆虫纲，鞘翅目，萤科，尾能发幽光。它这一奇妙的特性早被古人所发现和重视，历代文人骚客对"萤火"多有赋咏。宋人刘克庄的《华严知客寮》诗中有"坏墙萤出如渔火，古壁蜂穿似射侯"句，就把"萤"与"渔火"相提并论，当非偶然。古书《问奇类林》载：

---

[1]　转引自邱锋《中国淡水渔业史话》，《农业考古》1982年第1期。

> 焚蟹黄而致鼠，囊萤火而取鱼，此物堕于所贪也。[①]

它也点到了"萤火聚鱼"之事。不过，较为具体地述及萤火诱鱼之术的，是《古今秘苑》和《增补秘传万法归宗》等道家书籍。[②]

其中，《增补秘传万法归宗》卷四援引至刚道人的"秘术"说：

> 萤火聚鱼者，乃山林中之萤火囊也。以夏日（捉）之百余，却以羊尿胞一枚，揉软如纸吹起，将萤火（虫）百余投入其内，系于网足底，群鱼大小各奔其光，俱聚戏不动，一次可网百余斤，不费财力。[③]

利用萤火聚鱼也是一种生物渔法，它实用简便而不费财力，且又取获可靠。

2. 药杀

置药物于水中以毒杀群鱼的渔法，在明代称为"药鱼"。此法多在鱼洄游产卵季节施行，以求多获。明正德年间编修的《姑苏志》卷十三载："方春，鱼游食，则药之，令尽浮。"可见，药杀之术是一种只求获巨、不顾滋养的破坏性渔法，特别是在鱼类繁殖期采用"药杀"法，贻害就更大。

其实，关于药杀取鱼这种化学渔术的害处，早在先秦时期已受到官方的注视，并颁发了相应的禁律。《荀子·王制》曰：

> 圣王之制也，鼋鼍鱼鳖鳅鳣孕别之时，网罟毒药不入泽，不夭其生，不绝其长也。

从上述制度性禁律可见，药杀捕鱼之术在我国先秦时期就已普遍运用，同时也相应地为此而制定了旨在保护鱼类资源的法规。

药杀作为一种补充性的获鱼手段，有选择、有节制地施行本非不可，

---

① 《骈字类编》卷二百二十三。

② 《古今秘苑》曰："夏日，取羊尿胞一，柔软如纸，吹胀，入萤火虫百余枚，乃缚胞口，系于罾之网底，群鱼不拘大小，各奔其光，聚而不动，捕之必多。"

③ 转引自杨盛文：《中国古代秘传捕鱼术——萤火聚鱼》，《农业考古》1986年第2期。从引文看，该版较多错误，恐非原刻板，或资料引自他书，伪托至刚道人之言。文中两次提到萤火"百余"，似重复。另"俱聚戏不动"一句中的"戏"字恐为误入的赘字。

但不能常投常放，更不可不论时空选择地随意滥用，以尽杀方休。"药杀"法既是技术的进步，也可能带来生态的危害，它因破坏了人类与鱼类的生存环境，必自酿"明年无鱼"之祸。[1]

因此，从生态伦理出发，对应用"药杀"之术的时空范畴应予以严格的限制。在当代，我们对鱼类资源更不能只讲利用，而不管保护，捕鱼与养鱼应成为渔业经济发展中相关相联的一个整体，而捕、养结合的观念与方法的出现正显示出物质生产型鱼文化的进步。

二、鱼食制法

鱼类是人类最早的人工食物，人类对鱼食的制作、加工是饮食文化的由起。由于鱼食之制伴随着用火、用料及其他技术手段，因此它既是人类文化的产物，又是人类文化发展的最直接的原始动力。饮食之求，不独体现出人类求存的自然天性，也构成社会源起的基础。原始初民正是围绕饮食的选择、捕获、加工、分配，而形成了最初的族群及其氏族制度。《礼记·礼运》曰："夫礼之初，始诸饮食。"它说出了礼俗产生的根本基础，也点破了饮食对于社会形成的重要性。

我国的鱼食制品极为丰富，自古就有多种生制与熟做的加工方法，在历代古籍中记有作酱、作鲊、作脍、风制、油煤、蒸焦、冻制、炙烤等鱼食制法，构成了中国鱼文化生活应用的又一个重要领域。

（一）作酱法

我国以鱼肉制酱的历史颇为悠久，《论语·乡党》中有"不得其酱不食"之述，东汉崔寔的《四民月令》中有四月"取鲖鱼作酱"之载，[2] 而在北魏贾思勰的《齐民要术》和唐代韩鄂的《四时纂要》等古代文献中，有关鱼酱的制作所记甚详，在此且略辑数条为例。

其一，"经夏酱"，即经夏不腐，终年可食之鱼酱。《齐民要术》载：

　　鮐鱼、鯆鱼第一，好鲤鱼亦中。鯆鱼、鮐鱼即全作，不用切去鳞，

---

[1] 《吕氏春秋》有云："竭泽而渔，岂不得鱼，而明年无鱼。"

[2] 鲖鱼，即鳢鱼，又名"乌鱼"或"黑鱼"。

净洗拭令干。如脍法披破缕切之，去骨。大率成鱼，一斗用黄衣三升，一升全用，二升作末，白盐二斤，黄盐则苦。干姜一升，末之，橘皮一合，缕切之，和令调匀。内甏子中，泥密封，日曝，勿令漏气。熟以好酒解之，作鱼酱、肉酱皆以十二月作之，则经夏无虫。余月亦得作，但喜生虫，不得度夏耳。

此外，《四时纂要》"十二月"又载"经夏酱"的用料与制法：

> 鳢鱼、鲹鱼第一，鲤、鲫、鳢鱼次之。切如脍条子一斗，摊曝，令去水脉。即入黄衣末五升，好酒少许，盐五升，和如肉酱法。腹腴之处最居下。寒即曝之，热即凉处。可以经夏食之。

其二，"一日酱"，即用快制法所做，制后一日便可食用的鱼酱。《齐民要术》载：

> 成脍鱼，一斗以麹五升，酒二升，盐三升，橘皮二叶，合和于瓶内，封一日可食，甚美。

其三，"十日酱"，即制作十日后便可开封取食。据《中馈录》载：

> 用鱼一斤，切碎洗净后，炒盐三两、花椒一钱、茴香一钱、干姜一钱、神曲二钱、红曲五钱加酒和匀，拌鱼肉入磁瓶，封好，十日可用。吃时加葱花少许。[①]

其四，"鱼肠酱"，《齐民要术》称之为"作鱁鮧法"，言"汉武帝逐夷至于海滨"而得其法。其制法为：

> 取石首鱼、鲨鱼、鳢鱼三种肠肚胞脐，净洗著白盐，令咸，内器中密封，置日中。夏二十日，春秋五十日，冬百日乃好。熟时下姜酢等。

---

① 引自《古今图书集成》博物汇编·禽虫典一百三十三卷"鱼部"。

（二）作脍法

脍为古代精美食品，脍的制法即细切加工法。[①]《论语·乡党》曰"食不厌精，脍不厌细"，可见其在春秋时期颇受上下阶层的青睐。关于鱼肉的脍制之事，也早见之于古代诗文。《诗·小雅·六月》中有"饮御诸友，炰鳖脍鲤"之句，而曹植《七启》诗中也有"寒芳苓之巢龟，脍西海之飞鳞"之咏。鱼脍作为美味佳肴，甚至还载入了地方志的"造作"卷中。其制法，现略举鮸鱼"干脍"和赤尾鲤"水晶脍"以例说。

鮸鱼，出海中，鳞细，紫色，无细骨，不腥。据明正德年间编修的《姑苏志》载，鮸鱼"干脍法"是在隋大业六年（610）由吴地传入中原的。其制法：

> 五六月海中取其鱼，缕切晒干，盛以瓷瓶，密封泥。欲食开取，以新布裹大盆盛井底，浸久出布，洒却水则敷然散著盘上。

据说，这种干脍一瓶可浸泡出径尺大盘十盘之多。[②]

"水晶脍"，俗名"鲢子"，是吴地冬日用作冻食的佳肴。其制法在《姑苏志》中亦见载录：

> 以赤尾鲤净洗鳞，去涎水，浸一宿，用新水于釜中漫火熬浓，仍去鳞滓，待冷即凝，缕切，沃以五辛醋味最珍。

从以上数例可见，鱼脍多选用好鱼料制作，当为筵席上冷盘系列中的上品。

（三）作鲊法

鲊，即经过腌制的鱼类食品。《释名·释饮食》曰："鲊，菹也。以盐米酿鱼以为菹，熟而食之也。"作鲊既为保存食物，延长食用的保质期，同时也是一种美食手段。据吴国沈莹《临海水土异物志》载，古夷州人（即

---

① 《礼记·内则》："肉腥，细者为脍，大者为轩。"
② 《钦定四库全书·姑苏志》卷十四。

台湾岛的古称）将盐卤之杂鱼视为"上肴"，[①] 则是以鲊为美食。我国历代各地制鲊之法颇多，亦且从古籍载录中略举数例：

其一，"日曝鲊"。其制法：

> 脔鱼洗讫，则盐和糁十脔为壤，以荷叶裹之，唯厚为佳，穿破则虫入。不复须水浸。镇迮之毕，三日便熟，名"日曝鲊"。荷叶别有一种香奇，发起香气又胜，凡鲊有茱萸、橘皮则用，无亦无嫌也。

其二，"夏月鲊"。其制法：

> 脔一斗，盐一升，八合精米，三升炊作饭，酒两合，橘皮、姜半合，茱萸二十颗，仰著器中，多少以此为率。

其三，"干鱼鲊"。其制法：

> 尤宜春夏取好干鱼，若烂者不中，截却头尾。煖汤净疏，洗去鳞讫，复以冷水浸，一宿一易水。数日肉起漉出，方四寸切，炊粳米饭为糁，尝咸淡得所。取生茱萸叶布瓮子底，少取生茱萸子和饭，取香而已。不必多，多则苦。一重鱼，一重饭，饭倍多且熟，手按令坚实。荷叶闭口，无荷叶取芦叶，无芦叶，蒻叶亦得。泥封勿令漏气。置日中，春秋一月，夏二十日，便熟。[②]

其四，"荷包鲊"。其制法：

> 以荷叶裹而熟之，味胜罂缶，名荷包鲊。或有就池中荷叶包之。白乐天诗："就荷叶上包鱼鲊。"[③]

从选料说，鲤鱼、青鱼、鲈鱼、鲟鱼等鱼种皆可作鲊。作鲊法在中国

---

① 《临海水土异物志·夷州》载：夷州人"取生鱼杂贮大瓦器中，以盐卤之，历月余日乃啖食之，以为上肴"。

② 日曝鲊、夏日鲊、干鱼鲊，见《齐民要术》。

③ 荷包鲊，见《钦定四库全书·姑苏志》卷十四。

民间乃是一种最常见的鱼食制法。

（四）风鱼法

风制法是我国城乡百姓常用的较简易的食品制作方法，经风制加工的食品种类，有风鸡、风鹅、风萝卜、风青菜，亦有风鱼等物。风制法借空气以蒸发食物内原含的水分，既有助于它的长期保存，又能改变它的口味，使菜肴更为可口。有关风鱼的制法，在《遵生八笺》中略有记述，现辑录其二。

其一，风干法："用青鱼、鲤鱼破去肠胃，每斤用盐四五钱，腌七日，取起洗净拭干，腮下切一刀，将川椒、茴香加炒盐擦入腮内并腹里，外以纸包裹，外用麻皮扎成一个，挂于当风之处，腹内入料多些方炒。"

其二，烟熏法："每鱼一斤，盐四钱，加以花椒、砂仁、葱花、香油、姜丝、橘细丝，腌压十日挂烟熏处。"[①]

上述"烟熏法"实为"风干法"的一种特殊形式，可称作风、烟并用的复合制法。

此外，"炙鱼法"也是古老的鱼食加工方法，"脍炙"常相提并论，被誉为美食佳肴，有"脍炙人口"之说。《孟子·尽心下》载："公孙丑问曰：'脍炙与羊枣孰美？'孟子曰：'脍炙哉！'"《礼记·曲礼上》载："凡进食之礼，脍炙处外，醢酱处内。"可见，制炙也是一种重要的食法。

至于我国传统的鱼食制法，还有蒸焦法、油煠法、冻制法，以及清炖、红烧、炒余、煸、焖、生拌等多种加工方式，反映了我国饮食类鱼文化的丰富多彩。

三、渔信渔忌

渔事的信仰与禁忌是附着在渔业生产活动中的精神文化现象，作为加强自信心以把握自然力的心理调节手段，在民俗生活中自有其认识与组织的实际作用，并构成鱼文化传统的又一潜在内涵。

---

① 转引自《古今图书集成》博物汇编·禽虫典第一百三十四卷。

（一）渔事信仰

渔事信仰，包括渔祭、神供、禳镇、卜兆等迷信与俗信活动，作为惯习性的精神文化现象，它往往以非物质文化的形态寄托着渔获丰足的物质追求。

1. 渔祭

渔祭作为行业性原始宗教活动，多在捕捞作业之前或渔汛到来之时进行，以求多捕多获。它既是巫术与宗教的仪典，也是渔人出渔前的心理准备和出航开渔的仪式。

浙江舟山群岛的渔民们在一年四次的渔汛前都要进行"海祭"活动。一般他们在出海前一天就备好猪头、黄鱼鲞、糖、盐、鸡或鸭等祭品，而洗放祭品的主妇事前要沐浴身子。祭品供在渔船的船头和尾舱，其祭拜的对象是海龙王和船菩萨。仪式中设香敬酒，渔人们纷纷跪拜，船主或者船老大主祭，以祈祷海上平安，捕获众多。祭毕，部分祭品被抛入海中，然后渔人围坐痛饮，船主和家属在岸上放鞭炮，渔民则在船上鸣锣，过后各渔船挂上大红旗帜，破浪入海。[①]

台湾高山族雅美人每年在四至八月间有"飞鱼祭"的祭祀仪典。"飞鱼祭"一般在出海当天的黎明前举行。祭仪中，男人们戴头盔，佩长刀，在渔船上杀鸡奉血，祈求渔事平安，妇女们穿着礼服在岸上助威。夜晚，渔人在海上燃起芦苇火把，开始捕鱼作业。

唐代段成式在《酉阳杂俎》中记有时人捕捉"系臂"的俗信，强调"入海捕之，必先祭"的利害，祭则如数可得，不信则风浪翻船。[②]

捕前、汛前的渔祭活动本在于祈多获，求平安。由于鱼的汛期一般多有规律，因此一些渔祭仪式成了固定的节日性活动，如台湾高山族雅美人的"招鱼祭""丰渔祭""夜渔祭""昼渔祭"等，都有统一的致祭期日。

"招鱼祭"在农历三月一日上午举行，渔民们着盛装，戴银兜，挂胸饰，并杀鸡滴血涂抹船体和礁石。主祭人操刀向天祈颂，众人随之应和复颂，呼唤鱼群集于本村渔场，如此反复数遍。最后，渔人们高举帽子，怪

---

① 参见金涛：《舟山渔民风俗调查》，《民间文艺季刊》1987 年第 4 期。

② 《太平广记》卷第四百六十五引《酉阳杂俎》曰："系臂如龟，入海捕之，必先祭。又陈所取之数，则自出，因取之。若不信，则风浪复舡。"

叫跳出船外，以示驱鬼。

"丰渔祭"在三月二日上午举行，出海的渔民们集中共宿，吃芋和鱼，食毕，主祭人携长棒鱼网，另一人手持木桨一根，众人尾随走向海边，每人抓一把沙子投入自己的木船，以祈求获鱼如沙多。他们还拣小石头丢入大船中，并抚摸晾晒飞鱼的竹竿，以求满载而归。

"夜渔祭"，在三月三日晚，当年第一次夜渔时举行。由司祭引领渔舟入海，在海上杀猪，让猪血流入海中，以祭"飞鱼之灵"。祭毕即捕鱼，并以当夜的渔获量卜一年的丰歉。夜渔祭后，渔民们每夜可出海捕鱼，夜渔的周期可延续一个月左右。

"昼渔祭"，在五月一日举行，其主题亦为祈求渔获丰足。祭后，每日白天用小型鱼船出渔，并以钩钓的方式为主。[①]

显然，固定的渔祭期日与大规模的渔事活动相联系，是汛前渔民心理准备和生产发动的一种方式，也是渔民村社生活中最为突出的信仰活动。

至于当代的浙江象山开渔节、广东茂名开渔节等大型渔祭文化活动，除了诵读祝祷的祭文和表演敬拜海神的仪式，还有渔民们的歌舞表演。其中，象山的"鱼灯舞"、茂名的"公鸡逐浪舞"等也都含有突出的信仰成分：鱼灯表亲鱼、招鱼，鱼人同乐；海浪纹路弯曲，形似蜈蚣，而公鸡喜吃蜈蚣，因此该舞蹈是用象征的方式表达渔民们平浪去险、出渔安全的信仰。

2. 神供

除了祈求多获的渔祭活动，渔民们还在渔船上设神祭祀，以求风平浪静，出海平安。

在舟山群岛，渔民们在各自渔船上都供有"船菩萨"，船菩萨两旁还供放两个小木人作为配祀，一个是"顺风耳"，另一个为"千里眼"。渔民们将它们随船带到海上时时祭供，以求来去顺风，渔事平安。

渔人祭祀船神的信仰当在南朝以前就已形成。梁简文帝曾写有《船神记》一文，称"船神名冯耳"。至唐代，又有渔人敬"孟公孟婆"之说。段公路《北户录》引《五行书》云：

> 下船三拜三呼其名，除百忌。又呼为"孟公""孟姥"。

宋以后船神又被称作"孟翁""孟姥"，或称作"孟婆"。宋人袁文《瓮牖闲评》卷五引述《北户录》曰：

> 南方除夜将发船，皆杀鸡，择骨为卜，占吉凶，以肉祀船神，呼为孟翁、孟姥。

宋人蒋捷《竹山词》中另有"春雨如丝，绣出花枝红袅，怎禁他孟婆合皂"之句，喻孟婆为风。

所谓"孟婆"者，实为风神，这在古代词文中多见载述。宋徽宗词云："孟婆好做些方便，吹个船儿倒转。"明人杨慎《丹铅录》云："江南七月间，有大风甚于舶䑲，野人相传为孟婆发怒。"至清代仍有孟婆为风神之说，褚人获《坚瓠二集》卷二曰：

> 古称风神为孟婆。……按北齐李骝骙聘陈，问陆士秀曰："江南有孟婆，是何神也？"士秀曰："《山海经》：帝女游于江，出入必以风雨自随；以其帝女，故称孟婆。"

孟婆的名称与职掌均从《山海经》中化出，其历史甚为久长。从文献载录看，孟婆的信仰主要流布于江南一带，并随船载祭，故其又有"船神"之称。舟山渔人所供奉的"船菩萨"，就是"船神"，实际上也就是风神。渔人出海，不仅求渔获丰足，也祈来去平安，因此，神供在他们的行业风俗和信仰活动中表现得十分突出。

在苏中地区渔民们所敬奉的"渔神"为"耿七公公"，传说他是能让人捕鱼多获的男性湖神。在苏中地区一带，乡民们的"神供"乃用祭焚"耿七公公"纸马的方式来完成，以求渔农丰收。

3. 禳镇

禳镇术是以言语、符录或镇物以"却变异""去恶祥"的巫术手段，由于渔民水上作业风险较大，因此禳镇术长期以来就成了渔民们心理寄托的信仰方式。渔事禳镇包括遇避、装画和设镇等手段。

所谓"遇避"，即在渔事活动中遇到凶险敌害，立即用言辞或行动加以禳解避退。例如，在水上遇到浮尸被认为是晦气之事，渔民们即用言语祈祷禳除，以免晦气和厄运缠身。此外，在海中遇到恶鲨巨鲸，渔人则一面连呼"龙王保佑"，一面向海中撒米，并抛出小旗。舍米之举，意在让大鱼充饥，不翻船食人；而施旗海上，则意在为大鱼指引迷津，不使其误撞渔船。渔人俗信，鲨鱼露面是在赴龙宫赶考中迷途，特出水问讯，若不及时加以指引，它会因发怒而触翻渔船。[①]实际上，这是一种以语言和动作加以禳镇的巫术行为，其目的在于逢凶化吉，除险就安。

为避免上述猝不及防的"遭遇战"，渔民们有种种先期防范的禳解法，其中"装画"就是常见的一项。

所谓"装画"，就是用彩画或雕饰的方式，把渔船装扮成鱼体，有的把船头雕成鲸首，有的在船尾画上海鳅，以巨鱼的装扮惊镇其他凶鱼。《海槎余录》载："海鳅，乃水族之极大而变异不测者。""海鳅"又称"鳝""海鳝"。李时珍曰："海鳝生海中，极大。"[②]《尔雅翼》引《水经》解释潮涨潮落之因及古代的"海鳝船"之作：

> 海中鳝，长数千里，穴居海底，入穴则海溢为潮，出穴则潮退，出入有节，故潮水有期。今人作舟，谓之海鳝船，言如鳝之利水，犹古舟之有鳊鱼船也。

可见，海鳅形伟力巨，具有神话动物的性质，渔舟模拟它，图绘它，为寄托拟神亲神的情感，以祈得神佑。关于海鳅的身份，据民间传说，海鳅是龙王的外孙，是东海的鱼皇帝，一切水族均受其管辖。因此，渔船装画其形乃以假其威，从而震慑、退避各类凶险的巨鱼水怪。

总之，不论是为了"利水"，还是为了避凶；不论是因海鳅形魄巨大，还是因其地位至尊，装画其形都是一种海上禳镇的手段，是借外显的艺术方式所表达的内隐的信仰追求。

"设镇"也是一种常见的"却变异"的巫术手段。所谓"设镇"，就是设置镇物，以辟凶除殃。镇物是灵物崇拜的风俗应用，源于万物有灵、

---

① 参见金涛：《舟山渔民风俗调查》，《民间文艺季刊》1987 年第 4 期。

② 《本草纲目·集解》。

物物相感的原始信仰。镇物，又称"禳镇物""辟邪物""厌胜物"。镇物以有形的器物表达无形的观念，在心理上帮助人们面对各种实际的灾害、危险、凶殃、祸患，以及虚妄的神怪、鬼祟，以克服各种莫名的困惑和恐惧。因此，镇物不仅是一种物承文化，更被赋予了精神的或信仰的成分。作为一类非实用的物态工具，镇物体现为自然物质、人工造物与人类社会、精神意识的统合。或者说，它是凝聚着心智与情感的精神性物质，即心化的器物，同时也是符号化的、象征的物化精神。镇物的这一特殊性质决定了它总是以艺术的、宗教的与风俗的形式而体现为文化的创造。

就渔事而言，在造船与捕捞方面都有镇物的普遍应用。

舟山群岛的渔民们在造船时都要十分郑重地安置"船灵魂"。其做法是，将小木头挖个孔，内放铜钱或银元，再一起放进舱内的梁头里。渔民们认为，装了这个"船灵魂"，就能镇邪驱灾，避免海上的不测。[①]

所谓"船灵魂"，即着眼于钱的灵性与法力，以钱币为守护渔船的镇物。以钱为镇在其他风俗事象中也多见应用。例如，门头挂钱、床沿挂钱、儿童佩钱、墓穴置钱、窗棂刻钱、墓砖钱纹、钱纹瓦当和滴水、井盖钱纹、地漏钱纹、漏窗与脊饰钱纹等，都取其避凶厌胜的功用。钱何以能在生活与生产的诸多领域唤起人们期望以之辟邪守护的信仰观念呢？这是因钱经火炼铸就，被认为有阳精之形和仙道之气。同时，古代的方孔铜钱以外圆内方象征着天圆地方，古人以乾天为阳，坤地为阴，这样，钱纹就呈现出阴阳抱合之象，而阴阳抱合就具有八卦太极的喻义。因此，古钱一直被民间视作镇物，在民俗生活中得到了广泛的应用。至于"船灵魂"的安置，显然就是以古钱为镇物的渔家俗信，其用作禳镇的信仰基础包括原始的灵物崇拜和道教的阴阳观念。

明正德《姑苏志》卷十三记有镇物在护鱼、取鱼方面的应用：

> 以薄板置瓦器上，击之以驱鱼，置而守之曰神。鲤鱼三百六十岁，蛟龙辄率而飞去，年置一神守之，则不能去矣。

这里的"薄板"被用作镇物，并借助其声响而获驱鱼之效。薄板所置的

---

① 参见金涛：《舟山渔民风俗调查》，《民间文艺季刊》1987 年第 4 期。

"瓦器"当为盆、罐之类，木板置其上而击之，声震有如"木鼓"或"瓦鼓"。这是对声学原理的运用和对声响作用的信仰，出于这一信仰古人故对置于瓦器之上的薄板加以观念上的升格，并尊封为"神"。可见，寻常之物也可在渔事信仰中用作镇物，以满足禳镇守护的需要。

4. 卜兆

卜兆俗信亦是渔事信仰的一个构成部分。所谓"卜兆"，就是利用占卜和征兆来预知未来，决断行止，因信仰先行而罔顾实际，故具有很大的盲目性。拿渔事来说，有的以首网捕获量多寡卜全年的渔获丰歉，有的以植物的花朵数卜鱼的多少，也有以夜空星体的明暗出没卜鱼的去来，等等。例如，《雨航杂录》就记载了以槐豆花卜石首鱼多寡的俗信：

> 石首鱼……，又名"鳍鱼"，最小者名"梅首"，又名"梅童"，其次名"春来"。土人以槐豆花卜其多寡，槐豆花繁，则鱼盛。[1]

石首鱼，即黄花鱼，又称黄鱼，其与槐豆花本风马牛不相及，但卜兆信仰却将它们当作有因果内在联系的整体，做出由此及彼的判断。

此外，星占与物占也常常相提并论，浑为一体。据《星经》载：

> 天鱼一星在尾后河中，此星明，则海出大鱼。[2]

这类卜兆判断作为渔事的信仰手段，既表现了古人对自然世界的困惑和事物因果联系的误断，也体现了他们欲掌握规律、驾驭对象的愿望。由于以星测鱼本身是非实验、非理性的，因此这类卜兆信仰用于渔事，同用之于其他方面一样，除却心理的满足，不会有任何实际的效果。

（二）渔事禁忌

禁忌是通过口头传布和行为示范，在一定社会群体间所形成的约束性文化方式。它源起于原始信仰，表现为对各种神秘力量的恐惧与防范，本具有准宗教的性质。禁忌的特点是以先验的、非理性的手段作自我约束，

---

① 引自（明）杨慎《异鱼图赞笺》卷二。
② 同上书，卷三。

以回避人为的"神圣"或"不洁"的事物。虽说禁忌归属民间信仰的范畴，但也包含生活的局部经验和对现象与事实关系的模糊判断。作为人类普遍存在过的精神现象，禁忌在国外称作"塔布"（taboo，tabu），而在中国，在汉代典籍中就已有"禁忌"的名称和相关的载述。《汉书·艺文志·阴阳家》曰："及拘者为之，则牵于禁忌，泥于小数，舍人事而任鬼神。"我国先民对禁忌的关注可谓由来已久。

至于渔事禁忌，它是在渔民行船与捕捞作业中形成的，是用以约束自己在水上言语与行为的俗信，其具体的主要事象可划为"船忌"与"渔忌"两个方面。

1. 船忌

所谓"船忌"，指渔船下水后的各种约定俗成的禁规，各地虽有细则的不同，但免祸患、求平安则是一致的追求。"船忌"的范围包括人员的禁忌、行为的禁忌、语言的禁忌和食物的禁忌等方面。

人员的禁忌，是对船上人员的性别、身份、数量的一种限制。例如，渔民出海一般不准妇女随同下船，说妇女下船，船要翻；不准家中有产房或丧事的人下船，说会给渔船带来邪气；也忌讳七男一女同舟，说"形同八仙"，会招引龙太子抢亲翻船之险等等。

行为的禁忌，是对船上渔民举手投足等活动的限制。例如，在船上不能吹口哨，不许吵架，双脚不得荡出船舷外，不许卷起裤脚管，不得站在船头小便等，说会唤醒海鬼，招致堕海、翻船、失火之类的灾祸。

食物的禁忌，是对船上渔民的食物限制。例如，船上烧鱼、吃鱼不能翻身；筷子不得搁在碗上；酒杯不能反扣；不得率先自吃，开饭前先得撒饭祭海；等等。忌避翻船仍是上述船上禁忌传习的动因。

言语的禁忌，主要有两类，一是某些词义的避讳，一是谐音的忌讳。前者包括：不得在船上问船老大何时到港，船出了问题不得明说，船靠岸时不能说"来了，到了"之类的话，并用"撑篙"代指筷子，用"拾元宝"说捞尸体等，以避免鬼祟和厄运随语言而同来。[①] 后者主要避讳与"翻""沉"音近的字，甚至连"盛饭"也要说成"添饭"。

此外，船际交往及水上捞尸等也有一些相关的禁忌。船上的禁忌作为渔事活动的一部分，同"渔忌"间亦有一定的内在联系。

---

① 参见金涛：《舟山渔民风俗调查》，《民间文艺季刊》1987 年第 4 期。

2. 渔忌

所谓"渔忌"，是指直接与捕鱼活动相关的禁忌，避祸与求获仍是其主要的功利动因。

在白族地区，渔民们有禁捕五六尺以上大鱼的忌事，若偶然捕到这样的大鱼，要焚香祷告，立即放归。他们认为，不这样做的话，就会灾祸临头，为此他们甚至还要举行对鱼神的庙祀活动。显然，此类渔忌信仰是出于对鱼神的敬畏，以免触神怒。

在舟山群岛，渔民们在撒网捕捞前忌讳拍手，因拍手意味着两手空空，无鱼可捕。这种涉及渔获的禁忌，也是盼求多捕多获心理的一种曲折表达。

此外，福建人捉"石鳞鱼"也带有神秘的禁忌。据《闽书·闽产诸鱼》载：

> 石鳞鱼，一名石仑鱼，蛙属，皮斑，肉白，味美。是生高山深涧，昼伏窦中，夜居山头石顶。捕者不可预相告语。密摘黄历首一叶纳灶中，即抱松明火照之，鱼光不敌，遂不能动。泉州、德化县为多。

此例言及石鳞鱼的捕法与捕忌，即用光照诱捕，但捕前有语言的禁忌。由于取火时有"叶纳灶中"的神秘行为，故忌讳因语言道破而失灵。

在台湾，雅美人捕到杂鱼时，黑色的给老人吃，灰绿的给男子吃，红黑花纹或白色的给女子吃，并忌食掉地的飞鱼。在飞鱼汛期，他们还忌讳土葬，改行崖葬。[①]可见，禁忌不是孤立的文化现象，往往同其他俗信或迷信纠合在一起。"渔忌"用信仰手段指导和约束生产、生活，用有关禁忌和避讳表现"人事"与"鬼神"神秘的相联相通的关系。

四、鱼与军旅

鱼与军旅的联系是中国鱼文化的特殊内涵，其中既有物质因素，又有信仰因素，更有制度因素。它在古代的兵器、符信、阵法等方面显现出来，

---

① 郭志超：《高山族雅美人的渔业文化》，《人类学研究》（续集），中国社会科学出版社1987年版。

具有重要的文化研究价值。

（一）兵器

鱼之用于兵器，其历史极为久远。《诗·小雅·采薇》中有“四牡翼翼，象弭鱼服”之咏，说的是用鱼皮装饰箭套。此外，古代将士的刀鞘、铠甲，有些也是鱼皮制品。左思《吴都赋》中有“扈带鲛函，扶揄属镂”之句，晋人刘逵注云：“鲛函，鲛鱼甲可为铠。”用鱼皮装放箭镞和制作铠甲，除了鲛皮等鱼类因富含胶质而坚韧之外，还带有对鱼神的乞佑心理。在古代兵器的鱼纹刻饰上，我们不难看出其中的信仰意义。

在江苏南通博物苑中收藏有一枚春秋战国时代的铜戈，戈表面有阴纹鱼形图饰，这同鱼是引导神，与通天善变、化生不死的信仰有内在联系。在兵器上饰以鱼图之后，战士持之可抛却对死亡的畏惧，相信拥有了归魂化生的凭物，从而勇敢地冲锋陷阵，视死如归。

此外，在中国古代多有所谓“鱼刀”的传说，以“鱼刀”喻指锋利的刀刃。《水经注》三六“温水”载：

> 古林邑国嗣王范文，少为人牧羊，于涧中得二鳢鱼，持归化为石。石有铁，锻为二刀，能斫破石障。文后嗣为林邑王。

这则传说所讲的“鱼刀”乃鳢鱼所化，其生成本身就具有神奇的色彩。不过，鱼化石铁，锻而为刀的奇想也有其产生的客观基础。这个现实的基础就是：鱼皮能缝制刀鞘，而刀从鱼皮鞘中抽出，因此诱发了古人有关鱼化铁刀的联想，也强化了鱼与兵器间的幻想联系。

如果说“鱼刀”是臆造之物，那么，古人所谓的“鱼肠剑”则是实有的兵器。至于该剑为何称之为“鱼肠”，按古籍所载，有说是可藏鱼腹的短剑，也有说是剑之文理屈襞蟠曲如鱼肠。《吴越春秋》三《王僚使公子光传》载“使专诸置鱼肠剑炙鱼中进之”，所说便是可藏鱼腹的短剑。

另，《淮南子·脩务》云：“夫纯钩、鱼肠之始下型，击之不能断，刺之不能入。”它把“鱼肠剑”说成是性能极为良好的宝剑。此外，《吴越春秋》中还有“鱼肠剑逆理不顺”之述。[1]而对“鱼肠”之名解释较详的，则

---

① 见《骈字类编》卷二百二十一。

是宋人沈括的《梦溪笔谈》。其卷十九"古剑"条载：

> 古剑有沈卢、鱼肠之名。……鱼肠即今蟠钢剑也。又谓之松文，取诸鱼燔熟，褫去胁，视见其肠，正如今之蟠钢剑文也。[1]

沈括以剑的纹理形似鱼肠而释剑名，乃出于对神秘事物的合理化解说。民间把盘长纹俗称为"鱼肠带"，并视其为象征幸福无边的吉祥图饰，因此"鱼肠剑"之"鱼肠"当与"宝剑"之"宝"间有着吉祥取义上的必然联系。这是它们在纹理形似之外的又一重相合。

总之，不论是虚传的"鱼刀"，还是实有的"鱼肠"之剑，都显示了鱼与兵器间的不解之缘。

（二）符信

符信作为制度性军旅文化的产物，它用作起军发兵的凭证或"明贵贱，应征召"的标志。在隋唐时代，朝廷曾颁发和启用鱼符作为统军的信物。当时的鱼符或为木雕，或为铜铸，因其制为鱼形而得"鱼符"之称。鱼符上刻有文字，它剖为两半分别由人执藏，遇有军情需用兵，即出示鱼符，以两两相合为发兵的凭信。因此，鱼符又有"鱼契"之称。

据文献载录，隋开皇九年（590）开始颁用木鱼符于总管刺史以节度军旅，当时的鱼符之制为"雌一雄一"。唐代则制有铜鱼符，用以"起军旅，易官长"。至宋代，又制木鱼契为勘合之器，用以起兵，故又有"鱼合"之称。据《宋史》载：

> 其木契上下题"某处契"，中剖之，上三枚中为鱼形，题"一、二、三"，下一枚中刻空鱼，令可勘合，左旁题云"左鱼合"，右旁题云"右鱼合"。上三枚留总管、钤辖官高者掌之，下一枚付诸州军城砦掌之。[2]

凡需发兵时，几枚鱼合上下契合验实即起军。此外，皇城司所用的为"香

---

① （宋）沈括:《梦溪笔谈》，卷十九"技艺·古剑"。

② 《宋史》志第一百四十九"兵十"。

檀鱼契",分左右,刻鱼形凿枘相合,缕金为文,合契为信。[1]

由于鱼符是调动军队的凭信,而古代又有《六韬》《玉钤篇》等兵法之书,所以又出现"鱼钤"之名,以喻指武略。唐人苏颋有"宜辍鱼钤之委,叙于鳞族之盟"[2]之句,许景先则有"龙虎三军气,鱼钤五校名"[3]之诗,都把鱼符与兵法并提,成为军事与武略的象征。

鱼符作为起兵的凭信,改变了战国时的"虎符"之制,有多方面的原因。除了鱼为吉祥神物,鱼为传信神使的信仰因素之外,中古鱼文化的全面复兴是其产生的重要契机。特别在唐代,当时的制度型鱼文化已发展到鼎盛阶段,五品以上的文武官员都有身佩鱼符、鱼袋的"章服"之制,鱼符、鱼袋已成了品级与荣宠的标志。《唐会要》三一"鱼袋"载:

> 苏氏记曰:自永徽以来,正员官始佩鱼,其离任及致仕,即去鱼袋。员外、判、试并检校等官,并不佩鱼。至开元九年九月十四日,中书今张嘉贞奏曰:致仕官及内外官五品以上检校、试、判及内供奉官,见占缺者,听准正员例,许终身佩鱼,以为荣宠。以理去任,亦许佩鱼。自后恩制赏绯紫,例兼鱼袋,谓之章服。

可见,用于起兵的鱼符与官员身佩之鱼符一脉相通,它们同为制度型的文化现象,具有系列性与一体性,构成了我国中古时期鱼文化的一个独特方面。

(三)阵法

鱼与军旅的联系还体现在阵法上,兵阵为古代作战的队列,是实战中最基本而重要的战术手段。在我国古代丰富的军事阵法中有不少特殊的战例,既有直接驱使动物作战的动物阵法,如"火牛阵"之类;亦有受法于某一动物特征的仿生阵法,如涉及鱼类的就有"鱼丽阵""鱼鳞阵"等。鱼与军阵的这种特殊联系,作为军事文化现象,亦构成中国鱼文化中不可忽略的方面。

---

① 见《辞源》鱼部。
② (唐)苏颋:《授韦希仲宗正卿制》,《文苑英华》三九六。
③ (唐)许景先:《送张说巡朔方应制》,《唐诗纪事》十五。

1. 鱼丽阵

鱼丽阵是一种古老的阵法，早在春秋战国时期已用于实战。据《左传·桓公五年》载：

> 秋，王以诸侯伐郑，郑伯御之。……曼伯为右拒，祭仲足为左拒，原繁、高渠弥以中军奉公，为鱼丽之阵。先偏后伍，伍承弥缝。

其《注》曰："司马法：车战二十五乘为偏，以车居前，以伍次之，承偏之隙，而弥缝缺漏也。五人为伍，此盖鱼丽阵法。"《辑释》解"鱼丽阵"说：

> 鱼丽之阵，圆而微长，如群鱼相附丽进，伍承弥缝，即其状也。

所谓"鱼丽"，言兵士如群鱼相比次而前进。《左传·昭公元年》又有"楚公子围设服离卫"之述，《注》云："离，陈也。""陈"即"阵"之古字，此处之"离"即为鱼丽之阵。"丽"有并行之义，因此"鱼丽阵"为相随并进之喻。

"鱼丽阵"在历代诗赋中多有歌咏，显示其曾是一种常用而有效的阵法。东汉张衡《东京赋》曰："火烈具举，武士星敷，鹅鹳、鱼丽，箕张翼舒。"晋人潘岳《籍田赋》曰："前驱鱼丽，属车鳞卒。"而谢灵运《撰征赋》曰：

> 迅之翼以鱼丽，襄两服以雁逝，陈未列于都甸，威已振于秦蓟。

梁代吴均《战城南乐府》有"五历鱼丽阵，三入九重围"之咏，隋代卢思道《从军诗》中有"平明偃月屯右地，薄暮鱼丽逐左贤"之句。此外，唐太宗《帝范序》曰：

> 躬擐甲胄，亲当矢石，对以鱼丽之阵，朝临以鹤翼之围。

在唐、宋、元诗词中咏及鱼丽之阵的，更是数量众多。例如，唐代名将张巡的《守睢阳》诗中有"合围俟月晕，分守若鱼丽"句；卢象《送赵都尉赴安西》诗有"风霜迎马首，雨雪事鱼丽"句；宋人田锡《不阵而成功赋》有"岂鹅鹳之是列，匪鱼丽之阵美"之咏；元人耶律楚材《用前韵送王君玉西征诗》则有"鱼丽大阵兵成行，行师布置非寻常"之唱。

鱼丽阵作为军事战术在古代兵法上具有特殊的地位，也显示了中国鱼文化的一项杰出成果。它不仅为武夫们所身体力行，也为文士们所长期歌咏，其内涵早已突破了军旅的范畴，具有更广泛的文化意义。

2. 鱼鳞阵

鱼鳞阵也是中国古代的一种用于实战的阵法，最早见之于《汉书》。《汉书·陈汤传》载："步兵百余人，夹门为鱼鳞阵。"唐代颜师古注云："言其相接次，形若鱼鳞。"可见，这是又一种拟鱼仿生的兵阵。

在宋王应麟的《玉海》中记有《汉西域阵法》和《后魏阵法》两例，均言及"鱼鳞"之阵。其《汉西域阵法》载：

> 汉兵、胡兵合四万人，即日引军分行，别为六校，……望见单于城上立五彩幡帜，数百人被甲乘城，百余骑往来驰下，步兵百余人为鱼鳞阵。[①]

另，《后魏阵法》载曰：

> 后魏和平三年，因岁除大傩，遂耀兵示武，更为制令，步兵陈于南，骑士陈于北，各击钟鼓以为节度。……有飞龙、腾蛇之变，为巫箱、鱼鳞、四门之阵，凡十余法。[②]

从上述引文可知，鱼鳞阵主要为步兵阵法，且胡人亦多习用，它不仅用之于实战，还能用于岁除大傩的巫术仪典。此外，在唐代的奕棋游艺中，还有借军阵喻棋阵的现象，王绩《围棋》诗中就有"鱼鳞张九拒，鹤翅拥三边"句。由此可见，鱼鳞之阵的运用在军事之外也有着广泛的文化空间。

---

① 见（南宋）王应麟《玉海》卷百四十二。
② 同上。

　　上述有关兵器、符信与阵法中的鱼文化因素的引证，显示出鱼与军旅的多重联系，也表明了中国鱼文化的巨大活力。

<h2 style="text-align:center">五、鱼图类说</h2>

　　中国鱼图千姿百态，蔚为大观，它源起于原始艺术，具有不断创造、发展的悠久历史和多形制、多质料、多功能的实际应用。就艺术创作的方式说，中国鱼图有绘画、刻划、雕凿、雕塑、研磨、浇铸、模压、版印、剪刻等形式手段；就载体质料说，有陶、石、木、玉、贝、砖、瓦、竹、铜、铁、金、银、锡、漆、骨、纸、面、瓷、琥珀、琉璃、布帛等用材。在中国历代鱼图中，既有描摹自然的写实构图，亦有抒发艺术感受的写意创作，鱼与自然、鱼与人类、鱼与人工造物之间的内在文化联系始终是其表现的主题。

　　中国鱼图的各种构图形式，本身就是鱼文化的重要内涵，它以具象的指事方式和抽象的象征手法，服务于象征表达和功能展示的目的。就具体的构图分析，鱼的群单组合、物人配置、自身异变，可作为中国鱼图类型划分的参考。依此，我们可将中国鱼图的构图形式大略划分为十种基本类型，即：单鱼图、双鱼图、连体鱼、变体鱼、人鱼图、鱼鸟图、鱼龙图、鱼兽图、异鱼图和鱼物图。

（一）单体鱼与双鱼图

1. 单体鱼

　　所谓"单体鱼"，指单独绘制、孤立出现，或没有特殊指事与象征意义的单体集群。就这一鱼图形式而言，虽已有写实与写意的区别，但它们本身并没有什么复杂的社会文化内容，其功能作用和文化意义是由所附丽的载体及其具体的应用对象而显现的。当然，在原始社会，任何一种艺术的创造绝非自娱性的消遣，而有其明确的功能指向。鲁迅先生就曾以西班牙亚勒泰米拉（Altamira）洞穴中的野牛画嘲讽过那些"为艺术而艺术"的"摩登"的艺术史家们。[①] 单体鱼的艺术构图通常本身并不显示特别的意义，

---

　　① 鲁迅说："原始人没有十九世纪的文艺家那么有闲，他画一只牛，是有缘故的，为的是关于野牛，或者是猎取野牛，禁咒野牛的事。"见《鲁迅全集》第6卷，第69页。

其意义是在一定的文化情境中产生的。当它出现于墓葬，制为用具，刻画于岩壁，熔铸于青铜礼器等时，其文化意义才因社会信息的注入而得以产生和显现。

　　单体鱼是最早、最常见的艺术构图，它从原始雕塑和彩陶绘画即已发轫，后来在玉器、石器、木器、铜器、瓷器等器用上也多有所见，可以说，单体鱼在中国鱼图的数量方面占有相当的比例，是面广量大的鱼图系列。（图3）

姜寨仰韶文化彩陶上的鱼纹

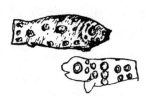

河姆渡文化遗址出土
的木鱼和陶鱼

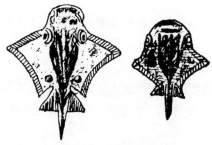

春秋燕国　铜鳐鱼形当卢

元　铜肖形印

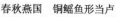

商　青铜器上的鱼形铭文

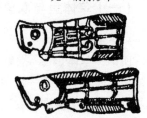

春秋黄国　玉鱼

图3　单体鱼

　　单体鱼作为中国鱼图的初始，是一切复杂鱼图得以创作的基础，它以直观的自然形象或示意的象征标记强化了鱼文化的信息，开拓了新的文化表达的空间，其构图虽说较为单一，然而在鱼的艺术史与文化史上却具有重要的基础性价值。

2. 双鱼图

所谓"双鱼图"，指鱼儿成对出现的构图，其基本形式有四种，即骈游式、逐戏式、交叠式与对吻式，它们往往具有合欢、生殖的文化象征意义。

在"骈游式双鱼图"上，两鱼头尾方向一致，并列同行，表现出亦步亦趋、和谐一致、相亲相密的情状。主要作品有：临潼姜寨出土的蛙鱼纹彩陶盆上的双鱼图，燕下都出土的战国豆盘上的双鱼刻纹，汉代铜洗上配有"富贵昌宜侯""君宜子孙"等铭文的双鲤图，唐代银盘上的双鱼图，宋代吉州窑瓷盆上的骈游图，等等。（图4）

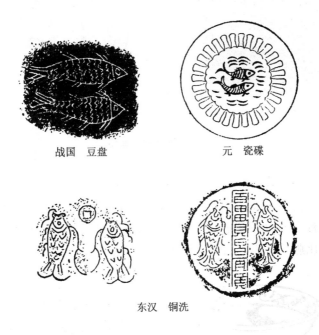

战国　豆盘　　　　　　　　元　瓷碟

东汉　铜洗

图4　骈游式双鱼图

"逐戏式双鱼图"，以两鱼一前一后的同向追逐构图，表现出两鱼嬉戏相悦的动感。这类鱼图在仰韶文化的彩陶上已开始出现，在唐代的银器上，宋以后的瓷盘瓷碗上，以及铜镜背饰中多有所见。由于逐戏式双鱼图多以生活器物为载体，也透露出两性相欢、子孙繁衍的象征意义。（图5）

唐 鎏金银洗

藏族 建筑图案

明 铜镜

图5 逐戏式双鱼图

"叠合式双鱼图"是一种特殊的构图形式，它以两鱼不同向的交错叠合，打破骈游式板滞的构图，显示出另种不对称变化的构思。其主要实例是湖南长沙出土的楚国陶豆，其内底纹饰绘作两鱼相叠，形成"十"字交叉，显得比燕下都战国豆盘骈列的鱼图要略富情趣。（图6）

战国 楚 陶豆

图6 叠合式双鱼图

"对吻式双鱼图"多出现于汉代的画像石和画像砖上，两鱼的刻画基本相同，往往以两首对顶的形式，呈现对称式构图。不过，对吻式鱼图有明显的图案化趋势，造型亦较板滞，这同它用于墓葬相关，其主旨不在于表现生活的情趣，而是用作阴阳转合的化生象征。（图7）

东汉　墓砖　辽南地区出土

东汉　墓砖　广东南雄出土

图7　对吻式双鱼图

双鱼图在后世作为民间吉祥图饰，广泛用于木版年画、窗扇木雕、家具图样、新房装饰、挂件配饰、食品纹样等，并成为藏传佛教中"佛八宝"里的一项构图。

（二）连体鱼与变体鱼

1.连体鱼

所谓"连体鱼"，是指两尾或两尾以上的合身共体的鱼图，其基本形式有双连体、三连体和多连体三种。

双连体，是指两鱼共体的构图，它具有"并联比目型"和"一首两尾型"两种主要样式。前者在仰韶文化彩陶上开始出现，并流传久远，诸如商代的铜盘纹饰、唐代的双鱼壶和双鱼瓶、宋代的双鱼金饰、辽代的鎏金铜铆饰、布依族的蜡染图案等，均有并联比目的鱼图，并被视作传统的吉祥图案。（图8）而后者，作为原始文化的产物，在西安半坡、山西芮城等地均有出土，一头两尾的彩绘鱼图使其连体的特征更为直观。（图9）

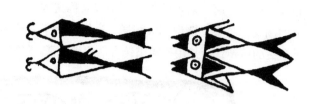

辽 鎏金铜铆饰　　　　　　　　　半坡仰韶文化彩陶鱼纹

北宋 双鱼金饰　　　　　　　　　唐 双鱼壶

图 8　并联比目型双体鱼

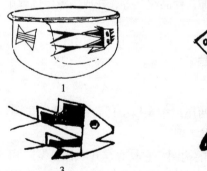

1　　　　　　　　　　　　　　2

3　　　　　　　　　　　　　　4

1—3　西安半坡仰韶文化彩陶鱼纹；4　山西芮城仰韶文化彩陶鱼纹

图 9　一首两尾型双体鱼

三连体，是指表现三鱼共体的构图。其样式主要两种：一是并联式，二是共首式。"并联式"，即三鱼同向并列合体，主要实例见于西安半坡出土的彩陶绘画。(图 10)"共首式"，即一头三尾的连体鱼图（图 11），它见于魏代的石壁雕刻、侗族村寨的建筑与路隘的石标，以及民间剪纸的图案等处。一首三尾鱼图，以鱼头为构图中心，三尾外张，互呈 120° 夹角，均衡的图案和神秘的象征融为一体。

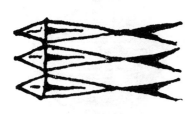

图 10　并联式三体鱼

图 11　共首式三体鱼

多连体，是三尾以上鱼体的连合，主要实例是半山型仰韶文化彩陶罐上的四联体鱼图。该图以两组两头一身鱼的上下连接，以渲染合欢交尾的情状，用艺术表现的方式传导出生殖崇拜的神秘气氛。（图 12）

图 12　多连体鱼

连体鱼不是对自然物的写真，而是人的观念的外化，不论是双连体、三连体或多连体，也不论其出现于何类器物之上，都因其生殖崇拜的信仰和人口繁衍的象征而显示"吉祥"的意义。

2. 变体鱼

所谓"变体鱼图"是形式主义绘画手法的完善，它摆脱了鱼类身体结构与运动平衡的几何纹因素，表现为抽象的图案化趋向。

变体鱼图早在新石器时代已相当成熟，在仰韶文化彩陶上有多种鱼的变体图纹，并抽象到以三角形、圆点、弧面、直线、弓形等点、线、面为基本几何图纹作拼合，仅在彩绘与素描的结合上仍保持原有写实鱼图的用色风格。（图 13）

变体鱼图的最抽象、最简约的构图形式是圆点，原始彩陶上的网点纹、

水星纹等，实际上是网鱼纹、鱼水纹的高度图案化。（图 14）

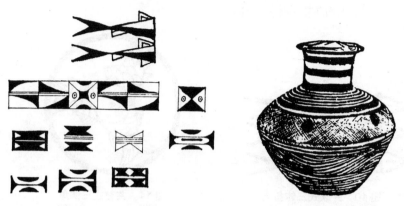

图 13　变体鱼纹　　　　　　　图 14　网点、水星纹陶壶

　　变体鱼图的出现是文化与艺术发展的结果，它反映了当时的社会生活与艺术经验的丰富，以及在新石器阶段原始先民创造力的爆发；同时也表明了，早在仰韶文化半坡时期，华夏先祖的生活、信仰与审美已达到了和谐统一的高度。

（三）人鱼图与鱼鸟图

1.人鱼图

　　所谓"人鱼图"是人、鱼合体的构图形式，它多表现为人首鱼身，亦有人首与鱼头合一的图式。（图 15）

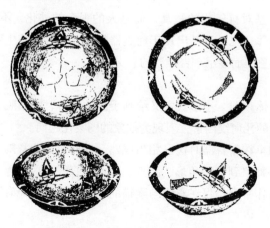

图 15　人鱼图陶盆（西安半坡）

人鱼合体的幻想是原始族群神话思维与自然宗教信仰的派生物，具有浓郁的物我混同的神秘色调。这一母题兴象于仰韶文化的彩陶艺术，在后世的玉雕、岩画、画像石、壁画、墓俑、民间剪纸等领域多次复现，其中新石器时代的仰韶文化时期和唐、五代、宋中古阶段，是这一母题最为兴盛的时期。

从图样形式分析，我国的人鱼图有两条发展线索：一是西安半坡和临潼姜寨出土的仰韶文化彩陶盆上的人鱼图（图16），其影响最为广远，甚至在当代的民间剪纸艺术中仍作为传统图样继续存留；二是庙底沟仰韶文化和武山马家窑文化彩陶上的鲵鱼图，其影响亦颇深远，后世人手人足的陵鱼图当是这一图样的衍变，而中古墓葬中突然复兴的鲵鱼俑，则可视作鲵鱼型人鱼图的重现。（图17）

图16　人鱼图陶盆（临潼姜寨）

马家窑文化　鲵鱼纹　　　　　　宋　鲵鱼俑　山西长治出土

图17　鲵鱼图

人鱼图具有突出的巫术性质和图腾气息，它表现人类与鱼类的依存互化关系，以及两相亲近的肉血联系。人鱼图在现代人看来虽显得怪诞神秘，但对于神话学和文化人类学等学科的研究却具有极高的科学价值，对于艺术史的探究也具有重要的实证意义。人鱼图在原始艺术中第一次把创造主体自身作为表现的对象，虽然人类与鱼类在艺术构图中还彼此混同、物我不分，但已透过人类与自然物类的同体并存，传导出当时的创作主体受制于混沌的前逻辑思维的文化历史信息。

2. 鱼鸟图

所谓"鱼鸟图"，是鱼、鸟同绘的一类鱼图。它源起于新石器时代的陶画，其数量众多，应用广泛，至今仍旧是民间绘画中常见的祥瑞图饰。

鱼鸟图最初的重要实例，有河南临汝阎村出土的陶缸上的《鹳鱼石斧图》彩绘、陕西宝鸡北首岭出土的细颈壶上的黑绘《水鸟啄鱼图》（图18），以及陕西武功游风发现的细颈壶上的《游鱼吞鸟图》等。鱼鸟母题在以后各代均有复现，其中尤以汉代为最盛。在汉代的画像砖石、崖壁、石棺、铜洗、铜案、铜鼓、铜壶、印章、灯具等方面，鱼鸟图纷纭迭出，屡见不鲜。（图19）

鹳鱼石斧图

水鸟啄鱼图

图18　鱼鸟图

画像石　江苏东海县出土

铜提梁壶盖

铜鼓纹饰

花纹砖　湖北房县出土

石墓画像　四川合川

崖墓画像　四川长宁"七个洞"

图 19　汉代鱼鸟图

鱼鸟图中的鸟类多绘作水禽，有鹳、鹤、鹭鸶、野鸭等，保留着一定的自然物种的因素，但也有虚拟的祥鸟凤凰（图 20）以及其他的图样。相对来说，鱼的图形较为板滞，除了武功游凤的《游鱼吞鸟图》和宝鸡北首岭的《水鸟啄鱼图》等鱼的构图较为生动外，在绝大多数的鱼鸟图中，鱼只作为指事的对象，而没有刻意地去做艺术渲染，其图案带有突出的形式化倾向。

东汉画像石　　　　　　　　　　　徐州青山泉出土

图 20　凤鱼图

就文化内涵来说，鱼鸟图最初当是生殖崇拜的记号，甚至是性器的象征。鱼为阴虫，鱼口常开，故作女阴的象征，而鸟类的头颈硕长，被类比为男性的阳物。武功游风的《游鱼吞鸟图》最为直观地展示了鱼鸟的阴阳二性及其相交相合的生殖含义。在后世，从鱼鸟图的生殖象征又衍生出生死转合、阴阳幻化、赐佑子嗣等文化隐义，并成为民俗艺术中传统的吉祥图案之一。

（四）鱼龙图与鱼兽图

1. 鱼龙图

所谓"鱼龙图"，系指鱼、龙与他物相互配置的构图形式。龙作为虚拟的水中神兽与信仰中的鱼神具有不少相近的特性与神能，故二物常同图相配。在红山文化遗址虽已发现玉龙、猪龙的造型，但鱼、龙的同图出现却是在有史以后。商、周铜器上的鱼龙混杂图是可考的较早实例，到汉代鱼龙图已发展为最习见的装饰图样。

鱼龙图的基本形式有两种：其一是鱼、龙的对应配置，即"鱼龙混杂"式（图21）；其二是鱼、龙的幻化合体，即"鱼龙化"式。前者当先有，后者应晚出。"鱼龙化"式到汉代才逐渐明朗，但其一旦形成，即有广泛的应用，在数量及含义方面均比"鱼龙混杂"式显得丰富、复杂。（图22）

商周　铜盘

汉画像石　山东嘉祥宋山出土

图 21　鱼龙混杂图

南朝　鱼龙　福建闽侯县南屿出土

苗族剪纸　鱼龙

图 22　鱼龙化图

　　鱼龙图在商周铜盘、汉画像石、晋代墓砖、唐代银盘和蚩吻、辽代灯盏和瓷壶、金代铜镜和后世砖刻与剪纸等方面均有所见，并逐步由鱼、龙的同图对应转化为鱼、龙的幻化合体。

　　中古以后，由于吸收了外来文化因素，出现了不少由摩羯纹化变而来的鱼龙型构图（图 23）；另一方面，"鲤鱼跳龙门"的图样在民间大量出现，成为年画、挂笺、刺绣、印染、剪纸等民俗艺术品上常见的传统题材。（图 24）鱼龙图在中古后的这一变化，反映了时人偏好祥瑞图与吉祥物的民俗心理，以及逐步凸现的追求腾达的市民情趣。

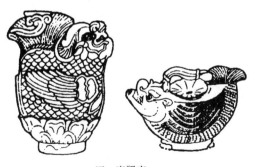

辽　摩羯壶　　　　　　　唐　银碗

图 23　摩羯纹

图24　鱼跳龙门（蓝印花布）

2. 鱼兽图

所谓"鱼兽图"，是表现鱼类与其他祥瑞神兽组合关系的构图。此类鱼图多出现于春秋战国和秦汉时期，图面古奥而喧闹，并具有动感效果。其中以北京怀柔城北出土的东周陶壶、燕下都出土的春秋战国时期的陶壶和陶盘，陕西凤翔雍城出土的秦代瓦当，以及山东济宁、诸城等地出土的东汉画像石上的鱼兽图最为突出。（图25）

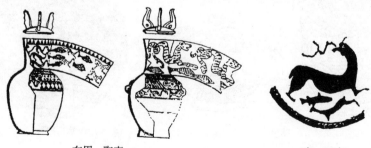

东周　陶壶　　　　　　　　　　　　　　秦　瓦当
北京怀柔城北出土　　　　　　　　　　　陕西凤翔雍城出土

春秋战国　陶盘
燕下都遗址出土

春秋战国　陶壶
燕下都遗址出土

图25　鱼兽图

　　鱼兽图的常见形式有鱼虎图、鱼龙虎图、鱼虎鹿图、鱼鹿图、辟邪衔鱼图、"飞仙"衔鱼图等数种。（图26）它们均以祥瑞动物的叠加并用，以强化求瑞消灾的功利心理，带有浓郁的巫术气氛和人为的神秘化意向。

辟邪衔鱼　东汉画像石
山东诸城出土

飞仙衔鱼　东汉画像石
山东济宁出土

图26　神兽鱼图

（五）异鱼图与鱼物图

1. 异鱼图

　　所谓"异鱼图"，是描绘鱼类与其他自然生物合体的图形，它是人类精神现象与文化活动的产物，是超越现实的创作。万物有灵及通化互渗的原始思维，巫术与宗教的神秘活动，绘画手法上自然写实与形式主义的叠合并用，是异鱼图出现的前提。

　　异鱼虽为异类的合体，但基本以鱼体为主，并保持着水生动物的性质。究其构图形式，大致可分为五种类型。

　　其一，"多体型"，即多个单体鱼的连体合身。如《山海经》中所记述的何罗鱼，就是一首而十身。（图 27）多连体异鱼是原始彩陶画上双连体、四连体鱼图的进一步发展，是对其怪诞、神秘气息的借取与夸张。

图 27　何罗鱼

　　其二，"鱼鸟化合型"，即鱼与鸟的合体。例如，四川长宁"七个洞"汉崖墓中的鸟首鱼尾图（图 28）；《山海经》中"如鹊而十翼"的䱱䱱鱼；"如鱼而鸟翼"的鳛鱼；"鱼身而鸟翼，苍文而白首、赤喙"的文鳐鱼；"鸟首而鱼翼鱼尾"的䱠鮆鱼；"如鲤而鸡足"的鰰鱼；等等，即是此型。（图 29）

图 28　鸟首鱼尾图

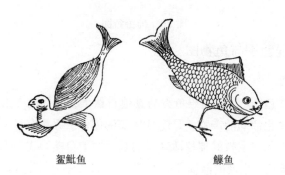

䱠鮆鱼　　　　　　　　　　鰰鱼

图 29　鱼鸟化合型异鱼

其三，"鱼兽合体型"。实例有仰韶文化陶罐上狗头、狗尾而鱼身的"狗鱼图"；《山海经》中"鱼身而犬首"的鲭鱼；"其状如豚而赤文"的飞鱼等。（图30）

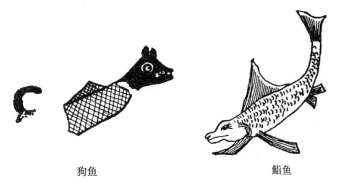

狗鱼　　　　　　　　　　鲭鱼

图30　鱼兽合体型异鱼

其四，"鱼人合体型"。《山海经》中"其状如鱼而人面"的赤鱬；"其状如鳚鱼，四足，其音如婴儿"的人鱼；"人面而鱼身，无足"的氐人国；"人面手足、鱼身"的陵鱼；《三才图会》提及的东洋大海中"状如鳖，其身红赤色，从潮水而至"的和尚鱼；《坤舆图说》描绘的"大东洋"中"上半身如男女形，下半身则鱼尾"的"西楞鱼"等；均为此型。（图31）"鱼人合体型"异鱼与前述"人鱼图"略有不同，它不在于表现人鱼间转体互化的亲缘关系，而着重渲染其构图的怪诞，以夸张其巫术的色调。

赤鱬　　　　　　西楞鱼　　　　　　人鱼

和尚鱼　　　　　　氐人国

图31　鱼人合体型异鱼

其五，"异类综合型"。它往往是鱼类与飞禽、走兽或其他水生动物的多体类化合。如《山海经》中"其状如牛，蛇尾，有翼，其羽在魼下"的鮭鱼；"鱼身蛇首六足，其目如马耳"的冉遗鱼；"状如龟而白喙"的修辟鱼；"其状如鳖，其音如羊"的蚌鱼等；其形均为异类综合的图式。（图 32）

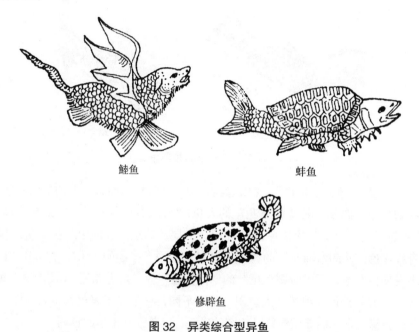

鮭鱼　　　　　　　　蚌鱼

修辟鱼

图 32　异类综合型异鱼

异鱼图具有神秘的巫风色彩，作为非现实的幻想产物，其中有些就是用作巫药而被描绘的。

2. 鱼物图

鱼物图是表现鱼类与其他生物与非生物组合配置关系的构图，如网鱼图、鱼水图、鱼草图、鱼星图、鱼趣图、鱼莲图、鱼磬图等。

近代以来，鱼物图多有所见，但已从生存需求、物象认识而转向单纯的祥瑞迎纳。从表达方式看，象征指事、谐音联感等为其最常用的手法。例如，鱼与戟或磬同图，意指"吉庆有余"（图 33）；鮭鱼与橘子同图，意指"连年大吉"（图 34）；鱼与爆竹同图，意指"连年有余"（图 35）；鱼与莲、磬、祥云同图，则意指"吉祥如意"（图 36）；等等。

图 33 吉庆有余（蓝印花布）

图 34 连年大吉

图 35 连年有余

图 36 吉祥如意

　　鱼物图作为功能性的"写意画"，寄托着人们追求富庶、吉庆的心理，直到当代仍在民间广为应用。在年节岁时活动中，鱼物图仍然是节俗、节物中最常见的一类图饰，显示出中国鱼图的强劲而持久的活力。

六、化生鱼话

　　我国有关鱼的神话传说和民间故事极为丰富，构成了鱼文化在精神和语言领域繁盛的重要标志之一。这类鱼话因其情节性叙事成分而具有文学故事的性质，同时又因其超现实的信仰成分，而带有前逻辑的荒诞性质和宗教式的道德训诫。

　　我国鱼话的内容极为广泛，就题材而言，有化生、报恩、乞宝、梦遇、惩戒、孝感、预知、化仙、道术、神遣、鬼事等类型。这里，且选取"化生"的题材类型以作例说。

　　"化生"的题材在神话传说和民间故事中最为常见，它源于原始初民的万物有灵观，反映了在原始思维"互渗律"支配下所产生的物物相通、物我划一的认识。这一认识包括人类对大自然的同化及向自然界物化的双重取向，体现了初民为确立自身在自然世界中地位的最初努力。化生的幻想虽属荒诞，但它坚定了人类在早期生存斗争中的信心，它不仅在原始神话中成为常见的重要主题，而且在后世的传说故事中仍不断得到夸张的复现。

　　化生作为鱼话的重要题材，我们循故事的化变线索，可划分为化鱼、化物、化人三个叙事层面。

（一）化鱼

　　"化鱼"之说主要以故事的形式在民间口头流传。化鱼故事具有对鱼类属种推原考释的意味，从被化物种看，有动物，有植物，有非生物，还有人类，表现了鱼类同其他存在之物间存在着幻想的内在联系。

　　动物化鱼的故事数量甚多，据文献载录，此类古代鱼话就包括：蝴蝶化鱼[①]，鶙鸟化鶙鱼[②]，公蛎蛇化黑鱼[③]，鷑鸟化乌则鱼[④]，老鼠化鲤鱼[⑤]，等等。其中，飞鸟化鱼之说最盛。古人把夏日鸟藏鱼出的物候变化视作两物化变相转的必然。不过，动物虽有形体的相异与习性的不同，但同有生息与运动的规律，是最易被人类感知的物象，因此行空之蝶、鸟与行地之蛇、鼠等与水居之鱼都可能经幻想而转体化变。此类动物化鱼之说，显然积淀着原始信仰的成分。

　　植物化鱼的故事是动物化鱼说的扩大，人类视野从动物拓展到植物是

---

　　① 《异鱼图赞笺》卷一载："浮玉之山，北望具区，苕水出焉。中多紫鱼，蝴蝶所化。"

　　② 《异物志》载："鶙鱼初夏从海中沂流而上，长尺余，腹下如刀，肉中细骨如鸟毛，云是鶙鸟所化，故腹内尚有鸟肾二枚。其鸟白色，如鹭群飞，至夏鸟藏鱼出，变化无疑。"引自《异鱼图赞笺》卷一。

　　③ 《格物志》载："凡鱼散子，不沫其子，唯文鳢沫子而长。旧云是公蛎蛇所化，至难死，或谓之鲩。"《尔雅翼》曰："鳢，又名文鱼，与蛇同气，俗呼黑鱼。"引自《异鱼图赞笺》卷二。

　　④ 《异鱼图赞笺》卷四："乌则之鱼，鷑鸟所变。"鷑鸟即"乌鸦"，"乌则"今作"乌贼"。

　　⑤ 《宋玉·五行志》载："宋孝武大明七年春，太湖边忽多鼠。其年夏水至，悉变成鲤鱼。民人一日取转得三五十斛，明年大饥。"

社会文化发展所使然。在我国古典文献中，我们能找到植物化鱼的"鱼话"记述。《抱朴子》载："荇茎苓根，土龙之属，化为鳠，有黄、白二种。"陶弘景《本草》云："鮆鱼味甘，大温，无毒，云芹根所变。"[①] 荇茎生水中，苓根、芹根生土下，但亦喜近水。它们因根系细长，如土龙钻地，而被幻想可化为鱼族。植物化鱼说与动物化鱼说也有着内在的关联，前者与后者都由神秘观念所驱动。

非生物化鱼的故事较为神秘、怪诞，其原始信仰的成分甚少，主要与人为宗教相连，有故作神奇的倾向。拿"琴高鱼"的来历说，《宾退录》有载：

> 宁国府泾县东北二里有琴溪。溪侧石台高一丈，曰琴高台。溪中别有一样小鱼，俗传琴高投药滓所化，号"琴高鱼"。

琴高者，为《列仙传》所载之仙人；故"琴高鱼"之事不仅晚出，且带上了仙道之气。此外，秦皇算袋化乌贼鱼[②]，头发变鮆鱼之说[③]，亦为中古以后的神异鱼话。

人化鱼的故事是鱼话中最富情趣的内容之一，其中有对情爱的眷恋，有对懒妇的讥嘲，有对生命形式转易的记述，还带有年高善化的信仰。

例如，高唐女变白鱼的故事就寄托着对爱情的追求，亦表现人鱼间的亲善。据《太平广记》所载：

> 明月峡中有二溪东西流。宋顺帝升平二年，溪人微生亮钓得一白鱼长三尺，投置舡中，以草复之。及归取烹，见一美女在草下，洁白瑞丽，年可十六七，自言高唐之女，偶化鱼游，为君所得。亮问："既为人，能为妻否？"女曰："冥契使然，何为不得。"其后三年为亮妻。忽曰："数已足矣，请归高唐。"亮曰："何时复来？"答曰："情不可忘，有思复至。"其后一岁三四往来，不知所终。[④]

---

① 引自《异鱼图赞笺》卷三。
② 《酉阳杂俎》前集卷十七载："海人言昔秦王东游，弃算袋于海，化为此鱼，形如算袋，两袋极长。"
③ 见（南朝）陶弘景《本草》。
④ 《太平广记》卷第四百六十九引《三峡记》。

将性爱内容注入鱼话，是对以推原注释为本的化生故事的改造与发展，同时由于人类在故事中的介入，鱼话得以逐步具有明确的社会内容和较为复杂的情节描述。

我们再看"懒妇鱼"的故事，其文句的内蕴亦颇深刻。《述异记》载：

> 淮南有懒妇鱼。俗云，昔杨氏家妇，为姑所怒，溺水死为鱼。其脂膏可燃灯烛，以之照鼓琴瑟博弈，则灿然有光；若照纺绩，则不复明。①

这则鱼话在"化生"的形式下传导出新的社会信息：即在封建社会中，有媳受婆欺，不堪婆怒而死者，同时它又反映出时人肯定勤勉，并对好逸恶劳者加以耻笑。

此外，在人化鱼的传闻中，还有东浪尉溺死化仲明鱼，②人百余岁而生角化鲤的故事。③前者表现生命形式的转化，即表达灵魂不死的观念；后者则附会物老为精怪，善迁易化的信仰观念。

（二）化物

化物类鱼话主要讲述鱼类向人类以外其他物种的转体化身关系，作为物化鱼的逆向运动，鱼化物也体现了万物有灵、物物通连的信仰观念。根据鱼化物故事的实例，我们可将此类鱼话分为"化鸟"与"化兽"两种基本类型。

化鸟的故事与鱼、鸟两物有潜、显交替出现的物候特征有关，也与鱼鸟作为生殖崇拜的象征符号相关。在原始信仰中，鱼鸟的并出相亲是生育繁衍的符号，它们代表着生命的延续与运动。在这一前逻辑思维支配下，鱼鸟合化的信仰变为鱼鸟互化的认识本是很自然的事情。在中国古文献中，记有海鳆二八月化为鸟之事。《异鱼图赞笺》卷一引《海语》曰：

> 海鳆，身首差短，岁二八月群至，数百腾于沙屿，移时化为鸟，俗呼火鸠是也。

---

① 引自《太平广记》卷第四百六十五。
② 见《毛诗陆疏广要》。
③ 见《太平广记》卷第四百七十一《江州人》《独角》条。

另，还有吹沙鱼化鸟之说。《异鱼图赞笺》卷三引《广志》曰：

> 吹沙鱼大于指，于沙中，然宜都鲅。以四五月出，余月无之，盖化为鸟耳。

此外，还有石首鱼至秋化为冠凫等异闻故事。[①]

鱼鸟之物化并非因其生命的转易而都带上延命吉祥的意义，在古代还另有把鱼鸟的物化当作凶兆的说法。例如，明代杨慎在《异鱼图赞笺》卷三中说：

> 何罗之鱼，一身十首，化而为鸟，其名休旧。窃精于春，伤陨在白，夜飞曳音，闻春疾走。

《岭表异录》释"休旧"为"休鹠"：

> 一名"休鹠"，夜飞昼伏，能拾人爪甲，以为凶。又名"夜游女"，好与婴儿作祟。又名"鬼车"，又名"鱼鸟"，入人屋收魂气。其头有九，为犬所噬一首下，血滴人家则凶。

可见，由于化生说本身具有的信仰性质，不可避免地使其带上夸张的、吉凶判断的成分。鱼鸟化以生殖崇拜为吉祥主题，而凶祟之说则呈现出一种颠倒无常的反文化现象。

至于化兽的故事，除了鱼龙化具有升迁腾达的意义，其他则演绎物物相感相化的虚妄认识和巫术观念。鱼化龙作为去卑就尊的身价变化，表达了人们求顺达亨通的升迁理想，隐含着阶级社会的内容；而鱼化鹿[②]，鱼化虎[③]，鱼化豪猪[④]，鱼化蝙蝠[⑤]等，仅表现动物间的转体关系，仍停留在初始

[①] 《吴地志》载："石首鱼至秋化为冠凫，头中犹有石。"见《异鱼图赞笺》卷三。

[②] （明）李时珍云："古曰鲛，今曰沙……鹿沙亦曰白沙，云能变鹿。"见《异鱼图赞笺》卷二。

[③] （东吴）沈莹《临海水土异物志》载："虎鲭，长五丈，黄黑斑，耳目齿牙有似虎形，唯无毛。或（曰）变乃成虎。"见张崇根辑校本。

[④] 《倦游杂录》载：泡鱼，"岭南海鱼之异者。泡鱼大者如斗，身有刺，化为豪猪"。

[⑤] 《异物志·鼍风鱼》载："冬天此鱼数千万头共处大窟中，藏上有白气，或在鼍穴中皮黑如漆。能潜知数里中空木所在，因风而入空木，化为蝙蝠。"见《古今图书集成》博物汇编·禽虫典第一百五十卷。

型动物故事阶段。

（三）化人

化人鱼话是物事对人事的楔入，也是动物故事拟人化手法的极端发展。鱼化人同人化鱼一样，在"化生"的形态下包容进社会的内容，比单纯的动物型故事具有更广更深的文化内涵。

化人鱼话就类型而论，可大致归为"为食""为怪""为欲"三类。

"为食"类故事，主要从"鱼为食亡"的事理衍化而出，并引申出放生训诫的成分。例如，《太平广记》中的《万顷波》与《大兴村》两篇故事，都以"求食""乞食"为情节线索，以化人为故事结果，表现鱼死则人亡的神秘事理。①

"为食"类故事中也有颇富情趣之篇，如《太平广记》中所载的谢康乐事，即以鱼化女觅食而撩起浪男的追慕：

> 谢康乐守永嘉，游石门洞。人沐鹤溪旁，见二女浣纱，颜貌娟秀，以诗嘲之曰："我是谢康乐，一箭射双鹤，试问浣纱娘，箭从何处落？"二女邈然不顾。又嘲之曰："浣纱谁氏女，香汗湿新雨，对人默无言，何自甘良苦？"二女微吟曰："我是潭中鲫，暂出溪头食，食罢自还潭，云踪何处觅？"吟罢不见。②

此则故事虽有文人化改造的性质，但与民间的鲫鱼姑娘故事仍有共通之处。

"为怪"类故事主要与"物老则为怪"的观念相联系，多表达杀精灭怪的愿望。例如，有关"横公鱼"的故事，说其"昼在水中，夜化为人，刺之不入，煮之不死"③，但可用乌梅镇煮之术除之。此外，"大鲲鱼"的故事，则言及孔子除怪的传闻：

> 孔子厄于陈蔡，夜有一人长九尺，皂衣高冠，咤声动左右。子路出与战，相搏久之。孔子曰："何不探其腮？"如其言，仆于地，乃一大鲲鱼也。孔子曰："此物胡为来哉？吾闻物老则群精依之，凡六畜之

---

① 详见《太平广记》卷第四百六十九。
② 转引自《古今图书集成》博物汇编·禽虫典第一百四十二卷。
③ 事出《神异经》，引自《古今图书集成》博物汇编·禽虫典第一百五十卷。

物皆能为怪，故谓之‘五酉’（一作‘茜’）。五行之方皆有其物，酉者老也。物老则为怪，杀之则已。”①

这类故事同物化人为精变的认识相关，并且是对物人化价值的怀疑和否定。观念中的物、人关系既有早期的混同，又有晚近的对立，因此，“为怪”不是故事的原始母题，而为后出的观念。

“为欲”类化人鱼话，指鱼化人行淫欲的故事，它与“为怪”的认识相关，是将其作祟的领域引向男女之事。这与高唐女化鱼变人、衷情不忘不同，它没有真正的情爱，仅表现自我满足的淫欲及欺骗。可以说，这类故事是以动物世界展示人类丑恶，并借此对社会中的恶德加以审美式的揭露与批判。此类故事在中古的志怪小说中保存颇多，如《三吴记》中的《姑苏男子》与《王素》，《列异传》中的《彭城男子》等。② 在口承文艺中，此类鱼话则已基本衰亡，反映了人们的认识与情趣已随社会生活的发展而发生了易转。

---

① 引自《异鱼图赞笺》卷一。
② 《太平广记》卷第四百六十八和第四百六十九。

第三章　功能探究

中国鱼文化经历了上万年的变化发展，其自身的盛衰演进、形式的纷繁杂沓、内涵的转移或叠加，都受制于当时人们的实际需求，并表现为对这一需求的直接与间接的满足。除了历史线索上的嬗变，鱼文化在地理范畴中亦有地缘之分或种族之别，无论从历时性的视角，还是以共时性的眼光去考察，它都具有"动态的性质"，而把握这一性质已成为鱼文化功能研究的最基本任务。[①]

中国鱼文化的功能在社会与人伦、思维与心理、巫术与宗教、神话与哲学、生产与生活等层面上有不同程度的展开，并以具体的作用而显示其实际的价值。除却物质领域内的某些直观的成分，鱼文化的功能大多隐匿在神秘的"重帷"之后，有待发微探幽，揭示真义。这"重帷"就是繁复的民俗事象、奇诞的图形样式、神秘的比拟象征与多样的社会生活。根据对文献的、口头的、实物的与行为的历时各地资料的处理，我们可以把中国鱼文化的功能导向依其生成方式与人类活动的关系，分成"始生导向"、"外衍导向"和"内化导向"三个基本类型。

一、中国鱼文化功能的始生导向

所谓"始生导向"，发生于史前的氏族社会，它是伴随着"两种生产"的发展而显现出来的，并以人类的生存、繁衍为直接的目的。鱼文化表生殖信仰、图腾崇拜、丰稔物阜的功利追求是始生导向的具体展开，并成为一切鱼物、鱼图、鱼信、鱼事的初萌推力。

鱼文化的始生导向是在社会发展的一定阶段上的产物，它旨在加强人

---

① 〔英〕马林诺夫斯基指出："文化要素的动态性质指示了人类学的重要工作就在研究文化的功能。"见《文化论》，中国民间文艺出版社1987年版，第14页。

类在自然世界中的地位，并以文化创造的手段进行自我价值的肯定。其中，表图腾崇拜、生殖信仰的功能反映了鱼文化的产生服务于氏族社会最初的生存观、人口观，而表丰稔物阜的功能由鱼丽、渔获之盼到丰稔物阜之求，经历了由原始渔业到原始农业的领域拓展和业态转化。作为一种导向，其生活资料生产的性质虽十分明确，但仍旧是源起于史前的一项带有浓郁信仰色彩的主导性功能。中国鱼文化表图腾崇拜、生殖信仰和丰稔物阜的功能之间既有相互联系的因素，又各有发展脉络和表现领域，由于其渊源的幽深，留下了不少颇费探究的课题。

（一）图腾崇拜物

鱼作为图腾物在原始的社会结构中所发挥的组织作用，是早期鱼文化的一项重要功能。

这一判断可以从我国新石器时期的彩陶纹饰上得到证实（图 37）。目前我国已发现的新石器时期彩陶遗址近两千处，分属十几种不同的新石器文化，其中仰韶文化占总数一半以上，有一千多处，[①] 而有鱼纹出土的遗址就有二十多个。其中，半坡型仰韶文化的彩绘最为丰富，基本为鱼纹或变体鱼纹。特别需要指出的是，在西安半坡、临潼姜寨、宝鸡北首岭和汉水南郑等仰韶文化遗址中所发现的"人面鱼纹"彩陶，更具有鲜明的图腾性质。（图 38）这类人鱼叠合相亲近的纹饰，反映出当时人类与鱼类间的特殊的情感联系。实际上，它是"凭着人化的自然"而产生的"人的感觉"，并打上了"感觉的人性"的标记。[②] 在"人化的自然"中，原始人类最初并未意识到自己的支配地位，他们一方面用人格化的方式去同化大自然，以使自然物带有人的禀赋；另一方面又有强烈的自我物化的迫切愿望，以抱合自然，与大自然融为一体。正是这种人化（同化）与物化（异化）的对立统一，派生出人类与动物、植物等合体、同源、混血、互感的图腾意识。

"人面鱼纹"正是这一图腾意识的显现，人、鱼间有了合体、同源、混血、互感的内聚动力，才派生出祖先、恩主、护神及灵物的认识，于是繁殖、丰收、驱邪、护身等信仰观念才因之而出。

---

① 吴耀利：《略谈我国新石器时代彩陶的起源》，见《史前研究》1987 年第 2 期。
② 〔德〕马克思：《1844 年经济学哲学手稿》。

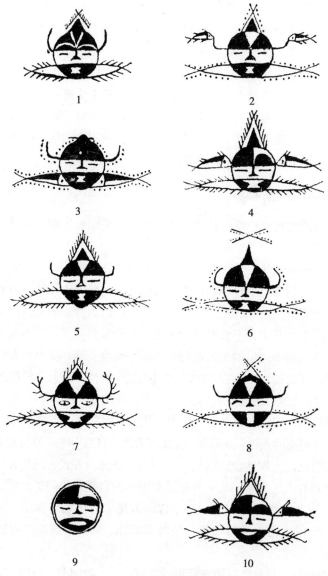

1—6 西安半坡；7—8 临潼姜寨；9—10 宝鸡北首岭

图 37 原始彩陶人面鱼纹

图 38　人面鱼纹（西安半坡）

　　有的学者以半坡人捕鱼食鱼而对"人面鱼纹"的图腾意义表示怀疑，其实，很多氏族的图腾物正是首先作为食物而受到特别的关注的，并因感恩而诱发相互亲近的联想。德国哲学家费尔巴哈曾以客观的功利心理分析动物与人、神三者的关系，他指出：

　　　　动物是人不可缺少的、必要的东西；人之所以为人要依靠动物；而人的生命和存在所依靠的东西，对于人来说，就是神。[①]

　　毫无疑义，直接的生存需要使作为食物来源的动物上升到神格，并决定了神、人、物的幻想同一。恩格斯也表述过类似的意见，他说："人在自己的发展中得到了其他实体的支持，但这些实体不是高级的实体，不是天使，而是低级的动物。由此就产生了动物崇拜。"[②]动物被崇拜的基础只是为人所用，在生产力极为低下的社会，它首先服务于人类生存的目的，唯此才能唤起初民的依赖感，并构成原始宗教的基础。在某些部落中，不吃图腾物的禁忌，恰恰是针对曾经普遍捕食图腾物的实际而制定的。这固然是出于原始宗教的情感，也由于这种食物来源的短少或其他生产领域的扩大，旨在引导开辟新的食物来源，或强化"神圣的观念"，从而确立人伦道德规范。然而图腾主义的表现在不同时代、不同氏族间并非分毫不差，其"禁忌"也不是绝对的，当图腾观念趋向衰落，或某地没有其他可靠的食物保障时，捕食图腾物仍是常有的事情，正如马克思所判断的："某些

────────────

[①]　《费尔巴哈哲学著作选集》，生活·读书·新知三联书店 1962 年版，第 438 — 439 页。

[②]　《马克思恩格斯全集》第 27 卷，人民出版社 1972 年版，第 63 页。

部落中的氏族都戒除食用成为自己氏族名称的动物，但这绝不是普遍的规定。"①

从民族学的材料看，捕食图腾物的例子绝非鲜见。鄂伦春族崇拜熊，并以之为图腾，当他们打到熊时，便哭着抬回来，吃完后再哭一场，并像对死者一样将熊骨和内脏实行"天葬"。赫哲人和鄂温克人也以熊为图腾，视熊为祖先，猎到熊后要叩拜，并将其头、心、肝及其他内脏进行风葬。②侗族人把鱼和始祖母都称为"萨"，其古歌中还把子孙后代与鱼群相比，把族姓的鼓楼以"鱼窝"相喻，显然亦具有图腾主义的意味，然而他们仍捉鱼吃鱼，并将腌鱼作为待客的上品。③

可见，对图腾物的崇拜与捕食是可以并行的。"禁忌"本是人为的道德规范，作为一定的自然与社会条件下的产物，其本身就包含非恒定的或然性。因此，用半坡人捕鱼食鱼的行为而断然否定"人面鱼纹"作为图腾遗痕的观点也并不可靠。

至于在仰韶文化遗址中还见有蛙纹等图饰，以及鱼纹本身有较广的流布区域，并有单体、联体、变体等多种形式等，这些都不能改变鱼曾作为图腾物的主导性质。其较广的流布及丰富的图形，正说明鱼崇拜曾经是突出的文化史现象，有着十分深厚的信仰基础。同时，它也表明，"鱼图腾"远在半坡时代已随原始农业的兴起而趋向衰微。杨堃先生曾指出，图腾主义发生在母系氏族社会早期，亦即旧石器时代晚期或晚期智人化石出现的时期，其地质年代约在四万至一万年前。④而半坡型仰韶文化迄今仅六七千年，因此半坡时期已不再是图腾主义的盛行期，但在文物与习俗中仍潜留着图腾主义的信息。

从民俗活动看，在大溪文化墓葬中用鱼随葬的习俗极为普遍。在四川巫山大溪编号为 M3 的墓地中曾发现一中年男子的遗骸，他口咬两条大鱼的尾，鱼头置于腹上⑤，成为半坡原始彩陶盆上"人面鱼纹"的真实写照，是极有价值的考古学实证资料。大溪文化的第二、三期相当于仰韶文化的

① 转引自《巫风与神话》，湖南文艺出版社 1988 年版，第 210 页。

② 参见宋兆麟等：《中国原始社会史》，文物出版社 1983 年版。

③ 参见潘年英：《侗族鱼图腾考》，《民间文学论坛》1988 年第 5—6 期。

④ 参见杨堃：《图腾主义新探——试论图腾是女性生殖器的象征》，《世界宗教研究》1988 年第 3 期。

⑤ 林向：《大溪文化与巫山大溪遗址》，《中国考古学会第二次年会论文集》，文物出版社 1982 年版。

半坡阶段和秦王寨阶段，两文化的绝对年代相当，曾有文化交往，关系甚密，前者受后者的影响较大[①]。因此，大溪人的含鱼葬俗绝不是孤立的文化现象，它与半坡的"人面鱼纹"应有着内在的关联，单用祈丰收或求生殖的功利是难以解释清楚的。这一原始葬俗当为图腾主义的孑遗，寄托着死者返回图腾氏族的信仰观念。

从考古学的材料看，半坡出土的"人面鱼纹"盆大多用以覆盖儿童的瓮棺，这一原始习俗绝不是将亡童作为供品献给鱼神，也看不出多少"鱼祭"的性质，其功用当在于引导夭儿返回原图腾氏族。因儿童没有经过神验的成丁礼，故不能自行归魂原族，但借助鱼盆上的鱼图作为图腾物的徽志，从而使其出窍之灵得以保留在原氏族内，以免沦为无所归属的野鬼游魂。

此外，在半坡的成人墓葬中也见有鱼盆随葬，作为一种葬俗，它具有安魂、导魂的作用，是一种让死者返回图腾氏族的告慰手段。这一原始观念在其他一些氏族中则表现为文身饰面之俗，以求生获图腾物的恩宠，死得图腾物的护佑，实现魂、魄同留原氏族的愿望。半坡人在成丁礼中是否行文身之术，尚未见有考古实证，但从西汉楚地覆盖棺椁用于招魂的非衣帛画上，可看到幻想中的魂归过程，从而推知人面鱼纹的类似功能。非衣是在杜绝了文身术后的补偿手段，其作用在招魂，而瓮棺上的人面鱼纹盆也正是对没行成丁礼、没有族记的殇儿所做的弥补。同当时瓮棺埋于居室周围一样，它表明氏族社会对他们的挽留，具有招引、超度的信仰意义。这些意义正体现为图腾主义的意旨，表现为对氏族社会组织原则的夸饰。[②]

再从我国古代妇女的活动看，上巳节袚禊求嗣的习俗亦留有鱼图腾崇拜的印记。三月三日，妇女到河中嬉戏，逐食浮卵或浮枣，以求受孕得子。这一习俗源于对鱼神的崇拜，是一种亲神、拟神和乐神的行为。南朝庾肩吾《三日侍兰亭曲水宴》诗中有"踊跃赪鱼出，参差绛枣浮"之句，正是把求子妇女们比作"赪鱼"，将她们争食绛枣拟为鱼吞浮食。这一古俗与图腾感生的观念相联，成为图腾主义的孑遗。早期的被禊活动伴随有水中

---

① 参见向绪成:《试论长江中游与黄河中游原始文化的关系》,《考古与论文》1988年第1期。

② 布朗在《原始社会中的结构与职能》一书中提出，在图腾崇拜中，自然的物种被当作社会集团和部落的代表者，因为它们体现了社会的价值，体现了相应社会组织原则。见〔罗〕亚·泰纳谢:《文化与宗教》,中国社会科学出版社1984年版,第5页。

或水滨的性行为，《后汉书》中"哀牢夷沙壹触沉木而生龙子"[1]之说，正是有关祓禊中性行为的曲笔。这种水中活动，意在表达对水生动物的亲近，特别是表现和鱼之间的转体混血、通感呼应的关系。

柯斯文曾指出："图腾主义也导致其他一些概念，如认为生育是由于图腾入居妇女体内，死亡是人返回于自己的氏族图腾。"[2]因此，我们从求生与事死的古代信仰习俗去探寻鱼图腾的隐义是一可靠的途径。应当指出，具有图腾性质的"人面鱼纹"不独残留在原始的废墟中，在现当代的工艺美术品里亦时有所见，在甘肃庆阳县有人首鱼身的"娃娃鱼"香包，特别在陕北的民间剪纸里至今仍有多种人、鱼叠合的传统图案，[3]表现出图腾艺术惊人的生命力。（图39）此外，在福建周宁县普源村，在江苏江都县二姜乡新舍村等地，都建有"鲤鱼冢"或"花鱼坟"，这种有类"人祖"的"福分"是其他动物神所难企及的。至于中古以后各种鱼赐贵子、鱼人幻化、鱼人婚合的笔录奇事和口谈异闻，可谓多不胜数，其中亦隐含着变形的图腾意识。

图39　人鱼图（民间剪纸）

总之，鱼类作为图腾崇拜物不仅客观地存在过，而且在宗教、艺术和

---

① 见《后汉书·哀牢传》。
② 〔苏〕柯斯文：《原始文化史纲》，生活·读书·新知三联书店1957年版，第171页。
③ 参见靳之林：《陕北剪纸中的图腾文化》，载《中国民间美术研究》，贵州美术出版社，1987年。

习俗等方面留有深长的遗痕，显示出中国鱼文化曾经存在过的一项重要功能。由于图腾物具有的人神交混性质，鱼类摆脱了单纯的自然之物的属性，更深地楔入了人类的精神生活与制度生活，成为中国鱼文化在后世诸多领域中聚合、演化的重要源头之一。

（二）表生殖信仰

生殖信仰是原始人类一项重要的意识活动，它摆脱了专注个体生存的动物式本能，把对生命延续的理解从单纯的外界食物的摄取，转向自身种族的创造，并由此推进了社会的发展。实际上，生殖信仰是人类在自然世界中自我肯定的实际努力，是食物生产之外的又一种创造欲望的显现。这一创造最初同样是在神秘的氛围下进行的，并以自然界中的某种动物或植物加以比拟，这些动物与植物也因此便成了特定的象征。鱼类正是这样，它作为生殖信仰的象征在原始人群中发挥了教化的作用，并因此显示出中国鱼文化在其传统中的又一项重要的功能。

闻一多先生曾在《神话与诗·说鱼》中做过如下论证：鱼作为"匹偶""情侣"的象征乃源于鱼的"繁殖功能"。这一功能通过比拟联想和巫术手段，使鱼与初民己身通联交感，并成为人类生殖信仰的拜物。从文化史的角度看，它见之于文物，传之于口头，录之于诗文，习之于民俗，成为中国鱼文化中的一大支系。

就具体形式而言，数千年传承不息的双鱼图和鱼鸟图最直观地展现出期盼生殖的象征功能。

"双鱼图"滥觞于新石器时期，在仰韶文化彩陶上已见有骈游式、逐戏式、连体式、比目式、交尾式、叠合式等多种双鱼纹饰，作为合欢、生殖的象征，它们成了后世表夫妇婚合与求子乞嗣的意象符号。例如，战国漆杯、陶豆，汉代铜洗、墓砖，晋代及元、明铜镜，唐代银盘、银洗、鱼瓶，宋、辽、金首饰与铆饰，宋以后的瓷器等，多以双鱼纹为吉祥图饰，以追求其生殖的功能。有的鱼图上还加有说白的吉文吉语，如铜洗、铜镜上的"君宜子孙""长宜子孙""宜官秩，保子孙""富贵长命，金玉满堂"之类，都在功能认知上起着点题的作用。（图40）

富贵昌宜侯乐未   富贵昌宜侯

长宜子孙   君宜子孙

图 40 带吉语的双鱼图

双鱼图还用来构画民间尊神的形象，赋予它们特定的职掌。例如，在当今仍广泛见之于苏中农村的灶神纸马上，就印有双鱼坠饰，灶君膝前并配有"五子登科"图。（图 41）这种双鱼与五子围绕"家神"而出现的对应，也无声地传导出"长宜子孙"的信仰观念。纸马上的灶君虽作男形，但双鱼坠饰和五子绕膝的构图却又透露出灶君的原型为"老妇"的信息。[①]在苏南，"腊月二十四日祭灶，妇女不预"[②]。范致能《祭灶词》中亦有"男儿酌酒女儿避，醉酒烧钱灶君喜。婢子斗争君莫闻，猫狗触秽君莫嗔"之句。为何女儿回避？为何劝灶君莫嗔？可能是在最初的祭仪中有男子表现性行为的动作，以取悦这位女性"家神"，从而获佑得子。炊用灶具的前身是原始居室内的火塘，火塘至今仍是傣族未婚姑娘招待情人的地方。灶为"炊穴"[③]，掘土为之，故又名"壤子"[④]。地为阴，灶中空，音、义为

---

① （汉）郑康成《礼器注》云："灶神祝融，是老妇。"见道光二十三年《武进、阳湖县合志》卷二。
② 见光绪《昆新两县续修合志》卷一。
③ 《说文·穴部》。
④ 《酉阳杂俎》前集卷十四："一曰灶神，名壤子也。"

"造"。可见，音、义、形皆能引起对女性生殖功能的联想。

图 41　灶神（纸马）

兴象于新石器时期的鱼鸟图是生殖信仰的又一重要标记。鱼、鸟的同图出现往往具有两性生殖器官的象征意味。在仰韶文化遗址出土了数件绘有鱼鸟纹饰的完整陶器，如河南临汝阎村出土的"鹳鱼石斧图"彩陶缸，宝鸡北首岭出土的黑彩绘"水鸟啄鱼图"陶壶等，都是研究鱼文化生殖功能的实证资料。特别是陕西武功游风出土的"鱼吞鸟头图"陶瓶，更为突出地表现了鱼鸟的两体相接，象征地演示了男女性器交合的情状。（图 42）

图 42　鱼吞鸟头图

　　鱼鸟图是中国古代最习见的祥瑞纹饰，数千年传习未泯。从考古资料看，在石器时代之后，西周有鱼鹰玉雕（图43），秦代有鱼鸟纹瓦当（图44），战国有鱼鸟纹铜盘，汉代有鱼鸟纹画像砖石及铜壶、铜印、铜鼓、铜案（图45）、铜灯、铜洗、铜熨斗（图46）等大量器物，直到明代鱼鸟纹砖雕还应用于墓葬和居室建筑之中，反映出鱼为"阴虫""阴物"，鸟为"阳物"生殖观的长效作用。①

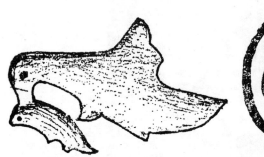

图43　鱼鹰玉雕

图44　鱼鸟纹瓦当

图45　铜案（广东德庆大辽山庄出土）

---

　　① 《经籍纂诂》卷六引《诗灵台序》云"鱼，阴虫也"；又引《易井》云"鱼为阴物"；卷四十七引《楚辞·自悲》"鸟兽惊失群兮"注云："鸟者，阳也。"

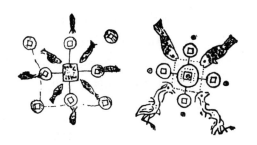

图46 铜熨斗纹饰

鱼鸟图常以多体式、合体式出现，以集中的、夸张的方式，渲染其文化功能的神秘性。例如，1973年在河南巩县石窟发现的一头三尾鱼和一身五头鸟，以及在湖南雪峰、武陵山区的侗乡苗寨建筑物上或路隘石标上的一头三尾鱼纹，浙江民间剪纸中的一头三尾鱼图案等（图47），都是以叠加法突出鱼尾，而民间正是把性活动称作"交尾"，因此尾有性器的象征含义。因此，三尾一头鱼图本寄托着乞盼子孙兴旺的迫切愿望。

浙江永康　民间剪纸　　　　河南巩县　石窟壁刻

图47 多体式鱼图

和鱼鸟图相配的"秘戏"图，当为鱼鸟图生殖意义的最为直露的旁白。在四川乐山麻浩崖墓石刻中有双鱼图，亦有鱼鸟图，还配有两幅"秘戏"图，该图刻作裸体的男女二人相互拥抱接吻。无疑，直露的"秘戏"图与隐晦的双鱼图或鱼鸟图有着相类的象征意义，这有助于我们对鱼文化生殖功能的领悟。

此外，1985年在西藏日土县发现的吐蕃以前的岩画，也展现了鱼文化的生殖功能。其中，日松区任姆栋1号岩面绘有日、月、男女生殖器、人、鱼等，画面上有一条大鱼首尾相接呈圆形，腹内孕育十条小鱼，其下方有四个戴鸟形面具的人在舞蹈，周围有三条小鱼。[①]画上的日月、男女生殖器、鱼鸟等均为阴阳对应，其表生殖的功能意义也以象征、指事的方式显露了出来。（图48）

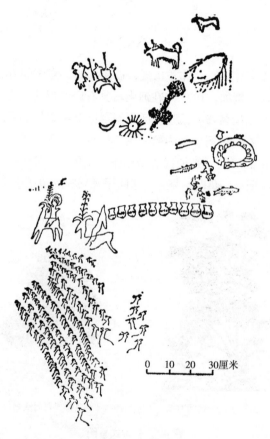

0 10 20 30厘米

图48 岩面画

至于铜镜、铜洗、鱼雁灯等婚礼用品（图49），其鱼纹构图的生殖意义亦十分鲜明，特别是铜镜，其铸造、纹饰、传说与习俗几乎都涉及男女之事。《异闻集》载："唐天宝中，扬州进水心镜，以五月五日午时于扬子江心铸之。"数字"五"在我国古代有神秘的含义，在新石器时代的陶器刻

① 报告见《文物》1987年第2期。

划符号中作"×"形,以表天地交会。至于五月五日,被古人视作日月合宿之会,其铸于江心则又取其水火之会,都意在贴合阴阳交合、男女婚会的主题。因铜镜背饰有双鱼纹和鱼鸟纹代指男女,故在中古有破镜分藏之俗,并在《神异经》及《独异志》中均留下了夫妇间破镜与重圆的故事。[①]其中,"镜化鹊"的说法使铜镜的动物纹饰增添了神异色调。《神异经》载:

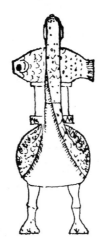

图 49 鱼雁灯(山西朔县出土)

　　　昔有夫妇相别,破镜各执其半,后其妻与人通,镜化鹊,飞至夫前;后人铸镜为鹊形。自此始也。

　　对鱼的繁殖功能的信仰,还导致了一些带有残酷戕害性质的原始求育习俗的产生。在河姆渡文化遗址的发掘中,考古人员曾在陶釜底部的鱼骨堆中发现薄薄的人颅骨,经鉴定属初生婴儿的,共发现有三例,从而证明了在当时的河姆渡人中间存在着人鱼共煮食的野蛮习俗。在那里还发现了大量的稻谷遗物,秕谷、谷壳、谷粒、稻草的堆积厚度平均高达40—50厘米[②]。同时,河姆渡人已开始畜养家猪,收贮成堆的菱、芡等水生植物的籽实,加上地多水泽,有舟桨之用,可见他们鱼米咸丰,食物充裕。他们

　　① 《独异志》卷下载:"隋朝徐德言妻陈氏,叔宝妹。因惧乱不能相保,德言乃破一镜分之,以为他年不知存亡,但端午日持半镜于市内卖之,以图相合。"

　　② 参见梅福根等:《七千年前的奇迹》,上海科技出版社1982年版。

绝非一群食不果腹的饥民。因此，他们食儿之举不大可能为饥馑所迫，当出于某种偏狭的信仰观念，或为多育，或为"优生"，或为纯种。我国古代的民族志材料能提供一些间接的旁证：

> 《墨子·鲁问》曰："楚之南有啖人之国焉，其国长子生则解而食之，谓之宜弟。"
>
> 《墨子·节葬》曰："越之东有骇沐之国者，其长子生则解而食之，谓之宜弟。"
>
> 《后汉书·南蛮传》曰：交趾"西有啖人国，生首子辄解而食之，谓之宜弟，……今乌浒人是也"。

楚之南、越之东、交趾西为古越人活动之地，他们均在河姆渡人之后，其"宜弟"之俗，无疑是神秘的原始生殖观念的遗存，而河姆渡人的儿、鱼同食可能就是"宜弟"之俗的先声。多生多育，善于习水，是南方滨水民族优生观产生的基础，他们企图凭借文化手段——巫术与宗教的活动，而获取鱼的性能。这在"宜弟"之后的"水生"习俗中，仍留有"仿鱼优生观"的遗痕。《博物志》卷二载：

> 荆州极西南界至蜀，诸民曰獠子，妇人妊娠七月而产。临水生儿，便置水中。浮则取养之，沉则弃之……

这是鱼文化生殖功能的一种变异形式，也是我们追索古代信仰的极有价值的民族志材料。

回观河姆渡初民的儿、鱼同食，与后世边远民族的野蛮"宜弟"之俗本一脉相承。它透露出在父权制产生初期，为表现对财产和人口的绝对占有，以及伴随人类婚姻制度从对偶婚向专偶制的演进，以"宜弟"说的编造来掩盖纯种的私有制目的。我们透过鱼与生殖关系的这一动态背景，可见微知著，考察到社会制度的变迁。

表生殖信仰是中国鱼文化的一项重要的始生性功能，它作为自我肯定的努力和创造欲望的显现，对人口生产、艺术生产与社会发展都具有极为深远的影响。鱼文化的生殖功能与图腾崇拜、生殖器崇拜有着直接的联系，它借鱼图、鱼物、鱼俗等可见的物质形态与行为惯习表现隐秘的意识活动，并以象征、指代、对照等方法作为族种创造的教化手段。鱼文化的生殖功能作为最持久的文化需要之一，它能超越原始的氏族社会，在以渔农经济及农耕经济为主体的社会氛围中继续发挥作用。双鱼图、鱼鸟图等在后世所展现的吉祥喜庆意义，正是早期生殖信仰的衍化及其意义的延伸。

（三）丰稔物阜的祈望

食物的获取、生产与加工是人类生存的最基本手段，也是人类一切创造活动的最初努力，正如马克思所指出的，人类"第一个历史活动就是生产满足这些需要的资料，即生产物质生活本身"[①]。这些需要投射到最初的动物食物——鱼类的身上，使这些经人工手段方能获取的非"天然食物"[②]，带上了情感色彩和神秘气氛，于是鱼的出现和获取成了丰乐的象征。这一象征的艺术成果便是各类鱼图、鱼物，甚至包括隐没了主体的单纯生态与工具的夸张形式——水波纹、网波纹及网纹等。

仰韶文化的网鱼纹、网点纹，马家窑文化的网点纹、波点纹等，或以写实的，或以写意的鱼游入网图作为丰收的瑞征。《诗·小雅·鱼丽》有"鱼丽于罶""物其多矣，维其嘉矣"句，《说文句读》释"罶"为"鱼所留也，从网"。因此，鱼落在网是物多且嘉的吉兆。《尔雅·释地》亦曰："鱼丽，言太平、年丰、物多也。"此外，《诗·无羊》也有"牧人乃梦，众维鱼矣，……众维鱼矣，实维丰年"之句。鱼的图象与意象同丰稔、物阜的锁连，载传着中华先祖以渔农经济为主业的文化信息。作为原始经济确立以后的信仰观念，它表现为图腾意识、生殖崇拜由血缘、人伦的内部层次向外在世界的辐射，显示出中国鱼文化在生存、生产层面上的改造功能。

四川涪陵白鹤梁石鱼题刻记录着中古以来鱼兆丰稔的信仰，成为展示鱼文化这一功能的最好例证。位于长江南岸的白鹤梁，千百年来其"石鱼"水标的出水，被时人视为盼求的吉星。一时间乡民们为之奔走相告，文人墨客为之刻诗题咏，仿佛迎来了丰收的庆节。宋人乐史的《太平寰宇记》载：

开宝四年黔南上言，大江中石梁上有古刻云：广德元年二月江水

---

① 《马克思恩格斯选集》第 1 卷，人民出版社 1972 年版，第 32 页。

② 摩尔根把人类食物资源分为五种：天然食物、鱼类食物、淀粉食物、肉类和乳类食物、通过田野农业而获得的无穷食物。见〔美〕摩尔根：《古代社会》，商务印书馆 1987 年版，第 11 页。

退，石鱼见。部民相传丰稔之兆。

宋人庞恭孙题记曰：

> 大宋大观元年正月壬辰，水去鱼下七尺，是岁夏秋果大稔，如广
> 德、大和所记云。

宋、明诗人赵汝廪、张揖有诗云："预喜金穰验，石鱼能免俗"；"江石
有双鳞，沉浮验年岁"。及至清代，仍有大量题刻出现，如姚觐云记曰：

> 涪州大江有石梁，长数十丈。上刻双鱼，一鱼三十六鳞。一衔萱
> 叶，一衔莲花，或三五年，或十余年一出，出必丰年，名曰石鱼。

可见，涪陵石鱼及题记与穰验信仰联系在一起，因袭着上古"鱼丽"为物
多且嘉的信仰观念。

鱼类作为人类的第二种食物资源，其图象与意象的兴起是来自原始渔
业的影响。它何以在中国文化中与第五种食物资源——"田野农业"勾连
锁结，并成为后者的象征呢？这除了有图腾主义与生殖观念的潜留与转易
的因素，也有社会生产与自然生态的客观缘由。因为，在中国的原始社会，
"第二种"食物资源与"第五种"食物资源的过渡是较为直接的，"第三种"
及"第四种"食物资源几乎没有独立为阶段性的食物链结，而是伴随着原
始农业一起发展的。除了乳类食物在我国古代没有充分开发，以稻、谷为
主的淀粉食物和以家猪为主的肉类食物都是与田野农业的开发联系在一起
的。原始渔业向原始农业的阶段性发展并不意味着后者对前者的排斥性置
换，而是呈现为并存互补的漫长过程，正是这一过程的实际存在，渔业阶
段的信仰观念及其符号系统得以保留并向新的经济领域渗透，进而成为精
神文化的传统。此外，农业的发展有赖于水的恩惠，鱼类的水族性质也是
其渗入农业领域的另一个契机。我们从古代各种祭鱼、杀鱼、迎鱼等祈雨
方式中，可看出鱼—水—农—稔间的幻想的线性因果关系。

葛洪《西京杂记》载：

> 昆明池刻玉石为鱼，每至雷雨，鱼尝鸣吼，鬐尾皆动。汉世祭之

以祈雨，往往有验。

此外，《酉阳杂俎》曰："蜀中每杀黄鱼，天必阴雨。"《太平御览》曰："龙蟠山有石洞，洞中小水，水有四足鱼，皆如龙形，人杀之，即风雨也。"《江西通志》载："圣井在广信府贵溪县东南八十里，龙虎山三井相连，一井在绝顶，人迹罕到，……黝黑中产异鱼，雩者迎以致雨，屡验。"上述鱼与雨水的联系正是与农业的关联。

中国鱼文化表丰稔物阜的功能在古今还有其他的指向。如汉墓随葬的陶灶上必有鱼纹，以拟物阜食丰（图50）；四川宜宾崖墓石壁上所刻绘的"人牵鱼"图等，也是祈盼丰收的标记（图51）；古代鱼祭之日往往又是为麦祈实之期[①]，两者的相合，正是原始渔农经济并存互通的证据。在当代，鱼图仍作为吉祥图饰出现在年画、挂笺、地画及其他民俗活动之中，兆丰年、庆有余仍旧是它强调的主题。

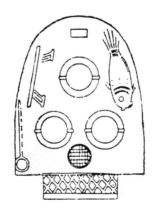

图 50　陶灶

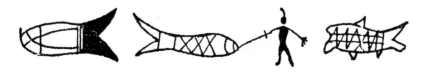

图 51　崖墓画

---

① （宋）张虙《月令解》卷三曰："礼，季冬献鱼，春荐鲔，鲔曰王鲔，异乎常鱼，故春特以荐焉。荐鲔之日为麦祈实……"

例如，在江苏泰兴市的一些乡村，每年除夕在贴挂年画、喜钱之后，乡民们还会用石灰在户外画上祈稔的地画。地画上有仓廪，并画有四鱼，鱼图与仓廪相叠合，中心书有"福"字，旁配有堆谷木铲、扫帚、草叉、谷梯、谷筛等晒谷与入仓的农具，四周还绘上一串硕大的元宝。农民们绘制这样的地画，意在表达对来年丰收幸福的期盼。（图 52）

图 52　地画

此外，象征因素与谐音理解仍时常并用，如鱼、磬同图为"吉庆有余"（图 53），鱼穿莲花为"连年有余"等，均以"富余"为追求，反映了鱼文化表丰稔物阜功能的长效性。

图 53　吉庆有余

中国鱼文化功能的始生导向服务于原始人类对"生活资料"及"种的繁衍"的追求，构成鱼文化萌勃的内力。鱼类由于其"第二种食物资源"及最初的"人工食物"的地位，深深扎进了人类的生命活动与社会生活之中，自然成为先民们关注、利用及文化创造的对象。不论是为食物获取，还是为生殖繁衍，都是人类独立于大自然的基本努力，也是对自身价值的最初肯定。图腾崇拜、生殖信仰与丰稔物阜之求作为鱼文化始生导向的具体展开，包容着物质文化、精神文化与社会文化的成分，构建起中国鱼文化体系的雏形，并成为鱼文化一切新形态衍出的源头。

二、中国鱼文化功能的外衍导向

所谓"外衍导向"是中国鱼文化的次生性功能趋向，它游离出对"两种生产"的直接追求，表现对外在实有之物及外化精神现象的认知、思考和利用。中国鱼文化功能的外衍导向是始生导向的延续与泛化，它包括辟邪消灾的护神、星精兽体的象征、世界之载体、沟通天地生死的神使、表阴阳两仪的转合、通灵善化的神物等方面，体现为对人类生存、生殖以外的物象与意象——自然、宇宙、神鬼、生死、福祸等领域的关注与应对。它们作为始生导向的衍化物，除含有部分承继性的因素外，同时又自有其生成、演变与文化应用的规律。

（一）辟邪消灾的护神

鱼为吉祥恩主、鱼人间有人伦联系和情感互通的认识，使鱼类得以被尊奉为辟邪消灾的护神。求吉与避凶，祈福与免祸，近神与远鬼等，作为不可分割的、并存不悖的心理趋向，也都融进了鱼俗和鱼信之中，并出现在佩饰、器用、建筑、交通、墓葬等方面，构成了民间祈禳活动的一个重要部分。

从现存文物看，鱼形佩饰早在红山文化时期即已有之，穿孔的绿松石鱼形圆雕，作为信仰观念的物化出现在人体装饰中，并非简单的唯美炫耀，自有其护身、免患的功利动因。经上古及至中古，鱼佩均为各地最习见的风俗饰物。商、周、两汉有玉鱼佩饰，晋以后则出现金质、银质和琥珀等珍稀材料的鱼形制品。可以说，不论是男子的腰饰，还是女子的首饰，都不乏鱼形制品，鱼饰作为护身之宝而被人常佩不舍。（图54）据《合璧事类》载：

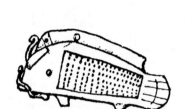

汉　铜鱼饰　纪国故城附近出土　　　　　唐　银簪　浙江长兴县出土

图 54　鱼饰

　　陈尧咨守荆南，每以弓矢为乐。母冯夫人怒杖之，金鱼坠地碎。

可见，玉鱼佩饰作为护身的符佩而时时在身。

　　生者若此，死鬼亦然。《广异记》载录了一则玉鱼随葬的鬼故事，言汉楚王戊之太子在唐高宗营大明宫宣政殿时多次显形，经巫师对话后，乞改葬高敞美地，并切盼勿夺其身佩的一双玉鱼。据《古今图书集成》博物汇编·神异典第三十九卷杂"鬼神部"载：

　　高宗营大明宫宣政殿，始成，每夜闻数十骑行殿左右，殿中宿卫者皆见焉，衣马甚洁。如此十余日。高宗乃使术者刘门奴问其故。对曰："我汉楚王戊之太子也。"门奴诘问曰："案《汉书》，楚王与七国谋反，汉兵诛之，夷宗复族，安有遗嗣乎？"答曰："王起兵时，留我在长安，及王诛后，天子念我，置而不杀，养于宫中，后以病死葬于此。天子怜我，殓以玉鱼一双。今在正殿东北角，史臣遗略，是以不见于书。"门奴曰："今皇帝在此，汝何敢庭中扰扰乎？"对曰："此是我故宅，今既在天子宫中，动也颇见拘限，甚不乐，乞改葬我于高敞

美地，诚所望也。慎勿夺我玉鱼。"门奴奏之，帝令改葬。发其处，果
得古坟，棺已朽腐，傍有玉鱼一双，制甚精巧。乃勅易棺椁，以礼葬
之于苑外，并以玉鱼随之。于此遂绝。

　　这则故事透露出，玉鱼作为随葬品，在护尸退祟、超度亡灵方面具有
巫术法物的性质。楚王戊之太子请求改葬中勿夺其玉鱼，主要不是感念汉
天子的恩宠，而是出于对玉鱼能护魂导灵的信仰。近年来，在罗布泊发现
的双鱼玉佩被网络传为考古界的"灵异事件"，其实，作为随葬物品，这
双鱼玉佩与护尸镇墓、导魂升迁的信仰相关，不料，直到当代竟然还让人
感觉神秘莫解。

　　除了人工鱼饰，自然之鱼也用作辟邪之物。如横公鱼，熟煮"可治邪
病"，"矫饰以为瑞应"。① 在湘西南苗、侗族聚居之地，过年时有贴鱼尾
之俗，生鱼尾鳍斩下后平贴墙上，如同汉族地区换桃符、挂门神一样，寄
托着驱邪退祟的愿望。再联系吉林集安禹山 1080 号高句丽古墓出土的鱼尾
形鎏金铜帽饰（图 55），可以判断，鱼尾在诸夏大地的多民族集合体中都
具有护身、护宅的厌胜作用。

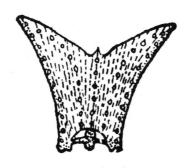

图 55　鱼尾饰

　　鱼为护神的信仰还派生出鱼影除害的传闻。据《酉阳杂俎》载，建州
有蛰人的恶蜂，若将石斑鱼"标于竿上向日"，令鱼影落其窠上，能使窠
碎蜂尽。② 这当然是鱼能免灾信仰的又一神奇说法。

　　在中古时期，用鱼骨加工成器物也极为普遍。宋代有以鱼枕骨所做的
"鱼枕冠"，有用鱼枕骨、鱼脑骨制作的"鱼杯"等，并传诵于诗歌中。苏

① 见（明）杨慎《异鱼图赞笺》卷二。
② 《酉阳杂俎》前集卷之十七。

轼《鱼枕冠颂》中有"莹净鱼枕冠，细观初何物"的诗句。另外，苏轼还写有《送范中济经略侍郎赠以鱼枕杯、四马箠》一诗，其诗云：

> 赠君荆鱼杯，副以蜀马鞭。
> 一醉可以起，毋令祖生先。

至于鱼骨器皿的功用，《闻见后录》略有披露："鱼枕骨作器皿，人知爱其色莹彻耳，不知遇毒必爆裂尤可贵也。"其说也许为附会之言，然由此可见，护身消灾是使用鱼骨器皿的信仰基础。

这一信仰还体现在其他鱼形器用上。南朝以后，房屋门扇及家具门上的镊钮多制成鱼形，唐代丁用晦在《芒田录》中解释说："门钥必以鱼者，取其不瞑目守夜之义。"因有此寓意，故木鱼见于寺庙，"用以警众"，并借此劝促修行人"昼夜忘寐"。[①] 此外，在传统习俗中除夕年夜饭上的红烧大鱼不许下筷戳破，往往在"年年有余"的群呼中撤下餐桌放到供桌，鱼头对着大门，以帮主人守岁看门。因鱼无眼皮，始终圆睁，俗信它能辟阴护宅而分刻不倦。

不过，这一文化理解仅限于鱼的表面特征，是对鱼的生理构造加以神秘化的顺势解释，尚未言中其弭灾消祸的内在功能动因。

我们从上古葬俗中，不难看到鱼所被赋予的驱鬼辟祟的性质，并能帮助我们对中古鱼扃、鱼钥、鱼扣等深层隐义加以认识。在汉墓画像砖石上常见有数条鱼一字排开，首尾相连的游行图像，此种相贯相随之鱼显得十分古奥和神秘。我们借助云梦睡虎地秦墓出土的秦简《日书》，可解其谜。《日书》曰：

> 道，令民毋丽（罹）凶央（殃）。鬼之所恶：彼窋卧、箕坐、连行、奇立。

所谓"连行"者，即鱼贯而行也。实际上，"连行"本作鱼追尾状，意表交配、繁衍。因此，汉墓中的鱼纹"连行图"（图56），乃以生殖、繁衍的图像表达驱鬼诱生的护墓意义。此外，秦朝的"连行"瓦当（图57），汉代

---

① （五代）王定保《摭言》之解说，见黄兆汉《木鱼考》，《世界宗教研究》1987年第1期。

霍去病墓上的鱼形石雕（图58），明清建筑上的鱼形雀替和鱼形月梁等，都同门扃一样，意在退崇除阴。

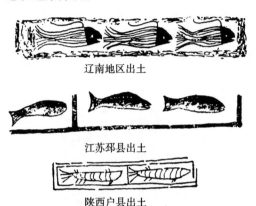

辽南地区出土

江苏邳县出土

陕西户县出土

图56 连行图

图57 秦瓦当

图58 鱼形石雕

至于晋以后出现在建筑物正脊两端上的鱼尾形"鸱尾"，是鱼的辟邪消灾功能的又一项实际应用。它的出现也有复杂的成因，并经历了几番变化。

鸱为鸢属，即鸱鹰。《正字通》云："鸱似鹰稍小，尾如舟舵，善高翔。"《禽经》云："鸱以贪顾，以愁啸。"[1]鸱尾亦作"蚩尾"，唐代苏鹗《苏氏演义》卷上曰：

蚩尾水之精，能辟火灾，可置之堂殿。今人多作"鸱"字。

由此可知，鸱尾作为"水之精"的象征，本有"辟火灾"之功。

鸱尾用作屋脊的建筑构件乃脱化于凤鸟。从汉画像石上，我们能发现建筑物正脊上常绘有凤鸟（图59），甚至在晋墓壁画中的建筑上亦有凤鸟，

---

① 见《中文大辞典》鸟部，中华学术院印行，第一次修订版。

而凤鸟的形象在神话传说中正具有鱼尾的构造特征。《说文》曰：

> 凤，神鸟也。天老曰：凤之象也，鸿前麐后，蛇颈鱼尾，鹳颡鸳
> 思（腮）。龙文虎背，燕颔鸡喙，五色备举，出于东方君子之国。翱
> 翔四海之外，过昆仑，饮砥柱，濯羽弱水，莫（暮）宿风穴，见则天
> 下大安宁。

图 59　幽谷关东门

《竹书纪年》也曰："国安，其主好文，则凤凰居之。"可见，鱼尾之凤
为祥瑞之兆，汉人饰于屋脊以祈"天下大安宁"。而鸱因"尾齐""如舟
舵""喜回翔"①，与凤的"鱼尾"、善徘徊相类，故而出现了相联相通，于
是在魏、晋、隋、唐初等代正脊多见鸱尾之用。（图 60）

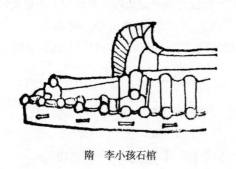　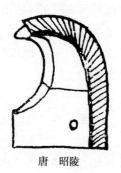

隋　李小孩石棺　　　　　　唐　昭陵

图 60　鸱尾

---

① （清）桂馥：《札朴》卷五曰："鸱，鹰类，尾齐，庙殿鸱尾象之。喜回翔而不甚高，俗呼
'饿狼鸱'。"

到唐宋间，鸱尾又作"蚩尾"，或云仿天上"鱼尾星"①，附会上镇火怪、"厌火灾"之说②。中唐以后，还出现了"鱼龙"形"蚩吻"，这既与当时盛行摩羯纹有关，也与唐兴"鱼制"有联系，反映出鱼能免灾的信仰观念。（图61）到明清时期，建筑物的正吻又做成"龙吻"，表现出鱼文化在唐宋之后的衰变。

图 61　鸱吻

总之，鸱尾在中唐以前，形取鸟翼，意祈安宁；中唐之后，则鱼、龙交替，以镇怪免灾，其中以摩羯形最为突出。"摩羯"本为印度的河神，其形象为兽头、巨齿、象鼻。关于摩羯的神性，唐代慧琳的《一切经音义》卷四一曰：

> 摩羯者，梵语也。海中大鱼，吞啖一切。

由于摩羯能"吞啖一切"，故用在屋脊以吞火怪。摩羯传至中土与鸱相交并，甚至融入了中国鱼文化之中，因鸱本来就能激浪降雨、厌镇火祥。宋《营造法式》引荀悦《汉纪》曰：

> 柏梁台灾后，越巫言：海有鱼，虬尾似鸱，激浪即降雨。遂作其象于屋，以厌火祥。

据这一建筑经典所示，鸱尾、摩羯与鸟和鱼相关，其用前期为纳吉，

---

①　见（明）孙传能《剡溪漫笔》卷二。
②　（清）周亮工：《书影》第十卷。

后期为除凶，托物相异，而取意趋同。从中我们可窥得鱼文化的再生性与包容性，以及它与时迁化的文化张力。

此外，用鱼皮制作刀鞘，以鱼图作为船头绘等，也都意在表达辟邪消灾的功利心理，而绝非简单的纯实用的取材或艺术美化的装饰。

（二）星精兽体的象征

在华夏初民的神话思维中，鱼还作为星精兽体的象征出现在早期的兽形宇宙模式中。同三足乌为日精兽体、蟾蜍或蛙为月精兽体一样，鱼类也是构建宇宙的主要物种，并且成为星辰的兽体象征。鱼文化这一对宇宙观的影响，从功能上说，乃出于它的认识的作用。

天上有水，星空为河，天河与地川相连的幻想是鱼星互代的基础。这一认识在古文献中多有载录。

《山海经·大荒西经》中有"风道北来，天乃大水泉"之述；《黄帝书》则曰："天在地外，水在天外，水浮天而载地者也。"此外，《浑天仪》注云："天如鸡子，地如鸡中黄，孤居于天内，天大而地小，天表里有水，天地各乘气而立，载水而行……"《抱朴子》曰："河者，天之水也，随天而转入地下过。"《孝经援神契》曰："河者，水之伯，上应天汉。"

在中国古人的哲学判断中，天河与地川本相连合一。天为水泉，星辰在天，由于星、鱼同为水中之物，它们便具有了同体对应的关系。

从考古发现看，河南陕县庙底沟出土的网星纹彩陶（图62），就揭示了神话信仰中的鱼星互代。其图像中的圆点实为鱼纹的高度图案化，是以鱼眼表全鱼的简略象征，同时，它也作为星辰的指代，表现出仰韶文化半坡型的网鱼纹向庙底沟型的网星纹的迁化。《诗·苕之华》云：

> 牂羊坟首，三星在罶。
>
> 人可以食，不如无生。

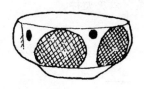

图62　网星纹彩陶

　　"三星在罶"就是三星在网中，庙底沟的网星纹陶盆正是"三星在罶"的实证。此外，在兰州白道沟坪马家窑文化遗址还出土了星河纹陶碗（图63），也透露出鱼、星间的混同。甚至在秦代的瓦当纹中，还见有网、星、云的构图。不论是星、网叠合，还是星、河叠合，都暗示了"星体"的鱼类性质。

图63　星河纹陶碗

　　汉墓中的天文图较为直观地展示了鱼、星关系。在江苏徐州青山泉发掘出土的一块疑似三鱼与三星叠合的画像石，它以鱼、星同位连体和星座纹背饰点画出鱼、星间的异形同种关系。（图64）在江苏盱眙县出土的汉代木刻星象图上，有金乌载日、蟾蜍伏月、两飞仙、众星宿和三尾鱼。（图65）此外，在四川西昌出土的东汉星月图墓砖上，左格为蟾蜍蹲月，右格为星座游鱼，也揭示了鱼星与蟾月相类的象征对应关系。（图66）

图64　鱼星叠合画像砖

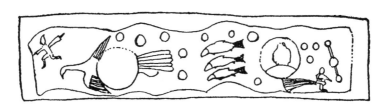

图65　木刻星象图

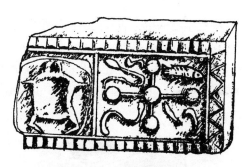

图 66　星月图墓砖

我们从1971年在河南唐河针织厂发现的汉画像石墓的墓顶天文图中，还可以找到鱼翔天河的实证。该图绘有金乌在日、蟾蜍伏月、繁星、四神、虹蜺、巨星与七鱼。（图67）所谓"四神"，即"四方宿名"。王充《论衡·物势篇》云："东方木也，其星苍龙也；西方金也，其星白虎也；南方火也，其星朱雀也；北方水也，其星玄武也。天有四星之精，降生四兽之体。"至于虹蜺，《河图》曰"镇星散为虹蜺"；《春秋运斗枢》曰"枢星散为虹蜺"。[1] 可见，上述各兽均与天体相关，而图中七鱼与巨星置于同一画格亦非偶然。可以推断，出现在天文图中的七鱼亦指星体，它们同四神、虹蜺一样，是以星精的兽形而出现在模拟的天盖上的。

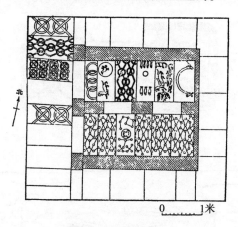

图 67　墓顶天文图

此外，民间纸马中的"魁星神君"图（图68），以及民间剪纸与民居

---

[1] 见（唐）欧阳询：《艺文类聚》卷二"天部下·虹"。

砖雕中的"魁星点斗"图等（图69），也揭示了鱼星间的对应与互联。所谓"魁星"，即北斗星座的第一星或斗枢四星，[①] 又称为"璇玑杓"。[②] 纸马上的"魁星神君"鬼头而抬腿，腿上方绘有一斗，指意为"魁"，头上另绘金乌载日，北斗七星，下有一鱼。民间的"魁星点斗"图形，则剪绘魁君一脚抬起，一脚踏鱼。在其他魁星图上常附缀"平升三级"（一花瓶中插三只戟）和钱纹等吉祥图饰，透过全图着意夸张的"升官发财"的氛围，仍能传导出鱼、星互联互代的象征联系。

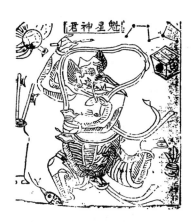

图68 魁星神君（纸马）

图69 魁星点斗（剪纸）

在我国神话体系中，颛顼的谱系也透露出鱼星间的微妙关系。颛顼裔族多为水兽，且临水而居，其中含有鱼类，而其死又自化半鱼。颛顼在"北维"建"星与日辰之位"[③]，其后裔"行日月星辰之行次"[④]。他们能定日、月、星辰之位的神功是以鱼星互化的神话认识为基础的，实际上是水族之神在天河中的自我定位。

古籍中还常见有鱼星通感相联的记述。例如，有因"星象相感"而"首有黑点"的"嘉鱼"，有"其首戴斗，夜则北向"的"鳢鱼"等，[⑤] 都出

① （清）顾炎武：《日知录》卷三二曰："魁为北斗之第一星。"《春秋运斗枢》曰："北斗七星，第一天枢，第二旋，第三机，第四权，第五衡，第六开阳，第七摇光。第一至四为魁……"

② 《晋书·天文志》曰："北斗七星在太微北，……魁四星为璇玑杓。"

③ 《国语·周语下》曰："星与日辰之位，皆在北维，颛顼之所建也。"

④ 《山海经·大荒西经》曰："颛顼生老童，老童生重及黎；帝令重献上天，令黎邛下地；下地是生噎，处于西极，以行日月星辰之行次。"

⑤ （明）陈耀文：《天中记》卷五十六。

于鱼、星一统的神话认识。

鱼、星形异而类同，相合又相约。1973 年在西安北郊高堡子村西侧发现的巨型圆雕石鱼能揭示出鱼、星间的这一特殊联系。该石鱼呈橄榄形，长 4.9 米，中间最大直径有 1 米，头径 0.59 米，尾径 0.47 米，发掘报告判定为汉代太液池边的石鲸。① 据《西安府志》载，秦始皇曾引渭水为兰池，"筑为蓬莱山，刻石为鲸鱼"。秦、汉临池刻鲸之举，根源于鱼星互化、彗为妖祥的信仰。《淮南子·览冥》曰：

> 鲸鱼死而彗星出。

《春秋孔演图》曰："海精死，彗星出。"注云："海精，鲸鱼也。"② 彗星与鲸鱼，一个行天，一个居海，在唯物认识中本无干系，但在精神文化领域它们却奇妙地联结在一起，彼此有着互化相克的关系。《西京杂记》有关以石鱼守池镇鱼和祈雨之说较为浅近，③ 未及《淮南子》《博物志》《春秋孔演图》等言及神话观念中的宇宙模式。

综上所述，鲸鱼为彗星之"克星"：鲸鱼死，彗星出；鲸鱼不死，则彗星不出。杨慎称鲸为"鱼王"，言其"目作明月，精为彗星"。④ 按他的说法，彗星不是因鲸死相感而出，乃是鲸鱼精魂的幻化。然而，不论是相感，还是化变，都能说明鱼是中国古代兽形宇宙模式构建中的星精。至于彗星，在古代被视作导致灾变或人祸的凶兆，被称为"妖星"。⑤ 它因形似扫帚，成为"除旧更新"的征兆。⑥ 而"除旧布新"又与"改易君上"相连⑦，海鳅（鲸）死，又与"国亡"相连⑧，因而秦汉帝王为能长坐江山，乃刻石为鲸，以图镇克彗星。他们相信，石鲸长在，则妖彗永无。可见，石鲸是鱼文化的衍生物，其信仰基础乃是鱼为星精兽体的神话认识。

---

① 见《文物》1975 年第 6 期第 91 页。

② （明）陈耀文：《天中记》卷五十六。

③ 《佩文韵府》卷五引《西京杂记》曰："汉武帝昆明池养鱼，往往飞去，后刻石为鲸鱼，置水中，鱼乃不去。"

④ （明）杨慎《异鱼图赞笺》卷三曰："海有鱼王，是名为鲸。喷沫雨注，鼓浪雷惊。目作明月，精为彗星。"

⑤ 《经籍纂诂》卷六十三。

⑥ 同上。

⑦ （唐）瞿昙悉达：《开元占经》卷八十八"彗星占上"。

⑧ 见《十国春秋·南唐后主本纪》。

此外，在求子与祈雨方面，鱼、星也有同感互通的关系[1]，反映出这一认识的广博功用。作为一种宇宙观，鱼、星、人的联结与互通乃成为观念中神人、天人感应的重要基石。

（三）世界之载体

鱼为世界载体的神话认识，是中国鱼文化的又一项重要功能，作为一种幼稚的宇宙观，它是先民对自己的生存空间所做出的初步的哲学判断，也是他们对天文现象、地理环境以及某些自然灾变探索的开始。

鱼为世界载体的神话也基于天河、地川相连，水浮天而载地的远古幻想。《玄中记》曰：

> 天下之多者，水也。浮天载地，高下无不至，万物无不润。[2]

直到清代，文人学士们还相信："天河两条：一经南斗中，一经东斗中过。两河随天转入地……地浮于水，天在水外……"[3] 由于"地浮于水"，而鱼又为水居之物，故而鱼成了幻想中载地的神物。

作为大地支柱的神鱼，在神话和古代传说的描述中往往具有硕大无朋的躯体。这条神鱼在一些域外民族中被说成是"鲸"[4]，而在古代中国则说成是"鲲"或"鳌"。庄子在《逍遥游》中说：

> 北冥有鱼，其名为鲲。鲲之大，不知其几千里也。化而为鸟，其名为鹏。鹏之背，不知其几千里也。

庄子对这种巨鱼的想象是与鱼有浮天载地神功的信仰联系在一起的。其中

---

① 见陶思炎：《鱼考》，《民间文学论坛》1985 年第 6 期。

② 见（北魏）郦道元注《水经注》序。

③ （清）周亮工：《书影》第七卷。

④ 在古俄罗斯露西时代的"天书"上有这样的诗句：

　　鲸鱼——众鱼之母，

　　为何那鲸鱼是众鱼之母？

　　那鲸鱼为众鱼之母是因为——

　　大地建基在七鲸之上。

　　见〔苏〕弗·叶甫秀科夫：《宇宙神话》，苏联科学出版社 1988 年俄文版，第 62 页。（陶思炎译）

"鳌"的负地立极的性质最为明确。《楚辞·天问》中有"鳌戴山抃，何以安之"的问句。《列子·汤问篇》则说，渤海之东的岱舆、员峤、方壶、瀛洲、蓬莱五山因"根无所连著，常随波上下往还，不得暂峙焉"，后由"巨鳌十五，举首而戴之，迭为三番，六万岁一交焉。五山始峙而不动"。此外，在女娲补天的神话中，地维亦为鳌所充任，所谓"断鳌足以立四极"，便点画出鳌鱼的载承与支撑大地的神功。

　　鱼文化的这一功能，可从考古文物中找到实证。长沙马王堆一号汉墓出土的帛画是我国现存最早的展示鱼有负载神功的世界图像。该图绘有天上、人间、地下三界景象，最下方为两条相交的巨鱼，三界以层累的构建形式压在它们的脊上，十分直观地表现出鱼为世界载体的宇宙观。（图70）帛画上的双鱼不是龟鳌，也不是异鱼，而近于写实，反映了神圣出于平常的思维规律。

图70　马王堆帛画

　　此外，在新疆发现的"吒枳大忿明王图"系佛教绘画，其像立于鱼背，亦展现了鱼有载负的功能。（图71）值得注意的是，此鱼也近于写实，而非异鱼之类，与当今一些佛寺大雄宝殿释迦像后的佛山泥塑中观音所立之"鳌鱼"大不相同。它没有故作神秘的倾向，同马王堆帛画一样，表现为较为质朴的自然信仰的遗存。

图 71　吒枳大忿明王图

在世界上的许多民族中都曾有鱼为大地载体，或鱼为世界之柱的宇宙神话。在阿尔泰英雄传说《玛代—卡拉》中有这样的唱词：

在天地之间，

在七十条河流的出口旁，

在托勃迭姆海湾，

在九十阿尔申的深处，

有两条一模一样的鲸鱼

将大地支撑。①

此外，鄂温克人说，在地下世界浮游着四条巨大的神话鱼——两条棱鱼和两条鲈鱼，它们用背支撑着世界；布里亚特人说，神母在创世时造了一条大鲸鱼，并把世界树立在它的背上。②

除了神话、口头传说，在域外民族中也有鱼载世界的实物资料。如易洛克人的鳖载世界图，海德人的木雕鲸鱼负载人、鸟图，以及中世纪欧洲人的人体宇宙黄道图等，都对鱼的载体性质有同样的认识。特别是人体黄道图，绘作人踏双鱼，与中国马王堆帛画的构图颇为相近。（图 72）可见，鱼载神话是一共时性的世界文化现象，很多民族都以此来解释地震或洪水

① 见〔苏〕弗·叶甫秀科夫：《宇宙神话》，苏联科学出版社1988年俄文版，第61页。（陶思炎译）

② 同上书，第三章。

引发的灾变，把地震说成是因鳌鱼或鲸鱼的翻身或眨眼，把洪水说成是因他们的死去或撤离所引发。

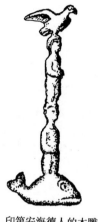

印第安海德人的木雕

中世纪欧洲人体宇宙黄道图

图72　域外鱼载图

在中国鱼文化中，鱼的负载功能还与城墙的建造联系在一起。《吕氏春秋·君守篇》曰："夏鲧作城。"《水经注》卷二引《世本》云："鲧作城。"《淮南子·原道训》曰："夏鮌作三仞之城。""鮌"为"鲧"字的异体，《说文》曰："鲧，鱼也。"因此，"鲧作城"，就是鱼建城，其建城方式乃自负之，不使倾颓。由于古代城墙多为取土版筑而成，故"背负万山"之大鱼①，可载而托之。我们再联系《搜神记》中的"龟化城"故事②，也可窥得建城与载城在深层隐义上的一致。

鱼为世界载体的神话宇宙观不仅导致了有关地震与洪水等灾变的信仰，还影响到以鱼或其他动物奠基的建筑风俗。此外，驮负碑石的赑屃作为鳌鱼的变异形式，它用于陵寝前如同飞衣帛画覆盖在棺椁上一样，形象地演示着天、人、地三界的通联，点画出死者入地上天的宇宙环境，并表达出生者对死者在宇宙间完成生死轮回的祈愿。这实已显示出中国鱼文化所具有的哲学内涵和转相生成的特点。

———————

① 《古今图书集成》博物汇编·禽虫典第一百三十七卷"鱼部"载："鱼大而背负万山，兽大而尾拖千里。"

② （晋）干宝《搜神记》卷十三载："秦惠王二十七年，使张仪筑成都城，屡颓。忽有大龟浮于江，致东子城东南隅而毙。仪以问巫。巫曰：'依龟筑之。'便就。故名'龟化城'。"

（四）沟通天地、生死的神使

天高地远，生死异路，两极、两界的隔膜在人类文化史上曾诱发出许多美丽的神话传说和神秘的宗教玄想，并勾起人们加以认知和交通的渴望。在中国，鱼作为观念中入地上天的水兽与星精，被赋予了神使的职能，它在两极、两界的"交通"中发挥着"前导"与"乘骑"的作用。中国鱼文化的这一特殊功能对葬俗的影响尤为直接而深远。

商、周墓葬中的玉鱼、蚌鱼，春秋战国时期的铜鱼，后代的陶鱼等，均作为亡灵归天的引导者而进入了葬俗。（图73）在先秦，出殡时的柩饰，"君大夫以铜为鱼，悬于池下"，所谓"鱼跃拂池"已成了丧服之制。[①] 此外，长沙东南子弹库楚墓出土的"登天图"帛画，更为直观地展示了鱼的神使职能。在该幅帛画上，墓主人乘坐登天的龙舟，上有天球华盖，下有一鱼空游，画上游鱼的前导性质十分突出。（图74）

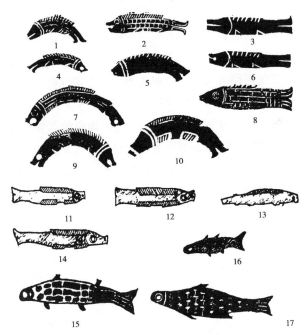

1—10　殷墟妇好墓出土的玉鱼；11—14　琉璃河西周燕国遗址出土的玉鱼；
15　湖北当阳春秋墓出土的铜鱼；16—17　陕西宝鸡春秋墓出土的铜鱼

图73　墓葬中的玉鱼、铜鱼

---

① 见《古服经纬》卷下。

图74 长沙战国楚墓帛画

　　我们从战国时期的铜匜上，也能发现鱼的神使作用。铜匜的图纹主要表现巫师们的祭仪，但也有鱼纹出现其间。鱼纹一般绘于出水的匜口，其构图有双鱼与三鱼两种基本形式。双鱼型，头皆指向匜口（图75）；三鱼型，则有匜口与匜斗两种指向（图76）。匜口与匜斗的连接处，均绘作象征性的天河图饰，天河下多绘巫师祭天图，而鱼纹处在天河外，表现出"上下于天"的神功。（图77）铜匜上的鱼纹具有明显的图案化的趋向和神秘、浓重的巫术氛围。在有的匜口上还同时绘有世界树、独角兽和水鸟图，它们均作为巫师通天的法物与鱼图的功能相协同。

图75 战国铜匜
（湖南长沙出土）

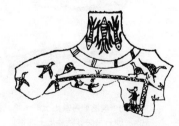

图76 三鱼纹铜匜（山西潞城县潞河
战国墓出土）

图 77 巫师祭天铜匜

匜形似水勺，是用以浇水洗手的礼器，常与水盘套用。《礼记·特牲馈食礼》曰："沃尸盥者一人，奉盘者东面，执匜者西面，淳沃执巾者在匜北，宗人东面取巾振之三，南面授尸卒，执巾者授……"，"尸盥，匜水实于盘中"。这里的"尸"，为祭祀中代表死者受祭的人，一般以臣下或死者的晚辈充任。显然，匜上的巫术活动场景与丧祭的仪典有关，其鱼纹已由神话意象转易为巫术法具，起着引导亡灵飞跃天河，使"为星"的世人在星空中得以归位的作用。

在汉画像石中，鱼图的这一功能亦不乏实证。在江苏铜山县洪楼出土的一块画像石上，有三鱼与三龙各牵引云雷车的构图，其鱼车上立有一人，头戴鱼冠，表现墓主魂随鱼去的"登天"情状。（图 78）在四川宝兴县陇东出土的一块画像石上，左端刻有双轮，右端刻有一鱼，中为网纹和柿蒂纹，这是日月双轮或鱼车的象征，鱼、轮的同图对应，似也透露鱼对轮的引导关系。（图 79）此外，江苏赣榆县金山出土的一块画像石亦十分清楚地点画出鱼的引导亡灵的作用。在这块画像石上，刻有一人弯腰抬步西行，上有乌鹊西向引导，乌为日精，西去为日落，人西去则归冥土，因此画中人当指墓主，画面描绘他步向冥国的情状。值得注意的是，在乌鹊之下，墓主背上，尚有一鱼西向空游，它形象地展示出鱼在生死两界旅行中的神使性质。（图 80）

图 78　鱼车图

图 79　鱼轮对应图　汉画像石

图 80　引导图　汉画像石

由于鱼有天地、生死交通的职能，后又成为人际交往的信使。"鱼素""尺素""鱼书""双鲤"等，成了古代书信的别称。唐人段成式有诗云"三十六鳞充使时，数番犹得裹相思"，说出了托鲤传书的古俗。在文献资料和口头传说中，鱼腹藏书、鱼传天示、鱼献河图、遣鱼传信等故事多不胜数，表现出这一信仰在汉以后的文学化趋向。

道家仙话也借取了鱼的这一信仰功能，所谓琴高乘鲤涉水、子英乘鲤升天之类的故事，①以及九鲤仙、九鲤湖一类的传说②，均表现鱼有乘骑的性质。

鱼中最为古人看重的是鲤鱼，其脊中鳞因"从头至尾，无大小皆三十六鳞"，故被称作"至阴之物"。③陶弘景《本草》曰：

> 鲤鱼最为鱼之主，形既可爱，又能神变，乃至飞跃山湖……④

鲤鱼在人间、仙界交通的神能，使其名称上也带上了乘骑的标记。晋人崔豹曾对各色鲤鱼的别称作过这样的记述：

---

① 见（汉）刘向：《列仙传》卷上、卷下。
② 见《三教源流搜神大全》卷七。
③ （明）陈耀文：《天中记》卷五十六。
④ （唐）徐坚等：《初学记》卷三十。

> 兖州谓赤鲤为赤骥，谓青鲤为青马，谓黑鲤为黑驹，谓白鲤为白
> 骐，谓黄鲤为黄骓。[①]

称鱼为"马"，乃出于鱼能交通天地的玄想。鱼有类乘骑的功能早已受到古人的认定，其在中古时期在口承文学中的普遍存在，表明它作为民间信仰和语言习俗而广为承传。

（五）表阴阳两仪的转合

《易·系辞》曰："易有太极，是生两仪。"朱熹《周易本义》云："太极者，道也。两仪者，阴阳也。"阴阳两仪在古代中国被视作宇宙生成的最初两个元素，它构成了五行说与八卦图的内核。阴阳两仪通常是以双鱼图表现的，阴阳二鱼合为太极图，成了道的象征。因此，阴阳两仪之说可视作鱼文化的哲学化产物，它仍包容在鱼文化的体系中。

表两仪的阴阳鱼纹不仅见之于八卦或道观，也出现于器皿和装饰中，表现出古人对其法力的追求。从浙江衢州出土的南宋八卦纹银杯（图81）、藏族建筑的太极图装饰、苏皖旧宅的门头太极符卦等实例看，阴阳转合观曾有过广泛的应用。

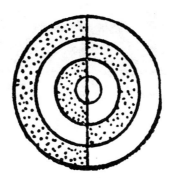

图 81 杯底阴阳鱼

阴阳观念被用来理解人的生死过程，于是在墓葬中出现了双鱼、鱼鸟、日月等对应的阴阳象征图饰。1980 年在山东嘉祥县宋山发现的东汉史安国的墓刻题记，是引证这一功能的最好实例。该题记上附有一幅"阴

---

① （后唐）马缟:《中华古今注》卷下。

阳转合图"（图82），图呈正方形，其三边作阴阳两鱼相对，另一边为人首鸟身的"雌雄二煞"，形象地表现着生死转合、化生构精的信仰。该图的中心部分是一硕大的柿蒂纹，计有八片叶瓣，每瓣上均刻有勾连回环的"鱼肠带"。这些"鱼肠带"均勾画出五区，每区中各绘有一小圈。柿蒂纹、"鱼肠带"都是古代的吉祥图饰，意表延绵不绝，幸福无边。至于五圈之取"五"数，为上下于天，阴阳交会之数。显然，全图的吉祥意义建立在阴阳转合的基础之上。值得注意的是，柿蒂纹的中心处是一不小的空白圈，正所谓"阴阳一道也。太极无极也"①。该图上的物象均成"二""五""八"三数，表现两仪、五行、八卦的取义。这幅"阴阳转合图"，实为八卦图的变体，它以图像作符号，表现出负阴抱阳、氤氲变化的观念。

图82　阴阳转合图

鱼鸟图是我国鱼图系列中的大类，除了表现出生殖的功能，亦具有阴阳转合、化生万物的指意。不论是鱼鸟饭含（图83），还是墓葬中的鱼鸟图像（图84），都具有乞繁盛、佑子孙、宽慰亡灵莫畏黄泉、暗示死去生来的作用。鱼鸟纹与日月纹有时同图出现，如在四川宝兴县出土的一块东汉画像石上，鱼鸟、日月左右对应，鱼鸟在这里已没有什么生殖的内涵，仅表现阴阳的抱合与变化。（图85）

---

① 《周易序》，见朱熹注《周易本义》。

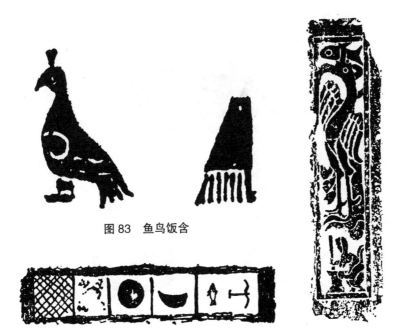

图83　鱼鸟饭含

图85　阴阳抱合图　　　　图84　鱼鸟化生图

　　人首鱼身俑用以随葬，也表现着死即复苏的阴阳转合观。从新石器时代起，人首鱼身图便应用于葬俗之中，以后在殷商、春秋、两汉的墓葬中都见有玉石圆雕、画像石刻和彩色壁画的人首鱼身图。（图86）至唐、五代、宋这一中古时期，人首鱼身俑"回光返照"，尤为兴盛，在江苏南京、扬州，江西彭泽，四川绵阳、蒲江，山西太原、长治，天津军粮城等地，均发掘出人首鱼身的木俑或陶俑（图87），仅南京南唐二陵中就发现有13

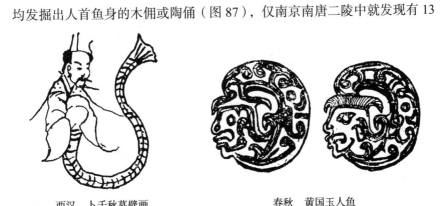

西汉　卜千秋墓壁画　　　　春秋　黄国玉人鱼

图86　人首鱼身图

件之多。（图 88）

天津军粮城唐墓出土

山西长治唐王深墓出土

扬州郊区五代杨吴浔阳
公主陵出土

四川绵阳杨家宋墓出土

太原南郊金胜村唐墓出土

江西彭泽宋墓出土

图 87　人首鱼身俑

图 88　南唐二陵中的人首鱼身俑

人首鱼身俑不同于《大汉原陵秘葬经》所言及的"仪鱼"，因后者并无人鱼化合的造型，且二者功能亦不尽相同。汉之"仪鱼"与先秦的"鱼跃拂池"的丧服之制一脉相通，意取鱼的神使之功，而人首鱼身俑则着意表现鱼的复苏化变之能。我国古代有鲑鱼冬死夏生，食飞鱼死后二百年更生，鳢鱼使白发复黑、齿落更生，鳢鱼入土数月得水复活等说法。[①] 此外，《山海经》中的"互人国"和"鱼妇"等记述了人鱼合体、多变善化的神话，突出了它们的"上下于天"和"死即复苏"的神功。《山海经·大荒西经》曰：

> 有互人之国。炎帝之孙，名曰灵恝，灵恝生互人，是能上下于天。

《山海经·大荒北经》曰：

> 有鱼偏枯，名曰鱼妇。颛顼死即复苏。

《淮南子·墬形篇》也云：

> 后稷垅在建木西，其人死复苏，其半鱼在其间。

这类与"复苏"说相关的鱼图、鱼物，我们可从半坡的人面鱼纹盆和大溪人含鱼葬法中找到实证，但在中古时期以人首鱼身俑形式复兴这一文物制度，则意取抱合乾天坤地、把握阴阳轮回、推动生死往复的功能。

总之，阴阳两仪的转合观多用于丧葬礼俗之中，但它同"前导""乘骑"的神使职能不同，而另具内涵、别有功用。它源起于原始时期，繁盛于中古时期，不求升天化仙，但求化变长生、服务于生的追求，表现出对人间，而不是对天界的渴慕。因此，它有别于"神使"的职能，构成中国鱼文化的另一种功用。

（六）通灵善化的神物

鱼在民间信仰中不仅能沟通天与地、神与人，自身亦能变善化，它能变龙、变人、变物，表现出极大的灵性和活力。鱼的化变之功导源于原始的万物有灵论，作为对人的求生欲望的张扬，其传承与发展突破了原生的文化形态，不断包容进再创的和外来的文化元素，显示出中国鱼文化的整

---

① 鲑鱼"冬死而夏生"，见《山海经·南山经》。"宁封食飞鱼而死，二百年更生"，见《拾遗记》。食鳢鱼"发白复黑，齿落更生，从此轻健"，见《酉阳杂俎》。鳢鱼"埋土中数月不死，得水复活"，见《遯园居士鱼品》。

合功能。

在我国的民间文学和文人笔记中有大量的鲫鱼姑娘、鲤鱼妇人、昼鱼夜人、化男化女等传说和故事。例如，《神异经》曰：

> 横公鱼，长七八尺，形如鲤而赤，昼在水中，夜化为人。

至于化男化女者，即鲛鱼。《录异记》载：

> 莱阳县东北有庐塘八九顷，其深不可测，中有鲛鱼，五日一化，或为美妇人，或为美男子。

在中国古代文献中还有鱼化鸟、鱼变虎、鱼化蝙蝠、芹根变鳝鱼、药滓变琴高鱼一类的鱼物互化的志怪轶闻。[①] 此外，鱼龙幻化、鱼跳龙门等，也是鱼图、鱼物中常见的题材。鱼向他物的化变体现了鱼文化的开放性质，它在同鸟文化、虎文化、龙文化等他物文化的交互作用中，显示出再生重创的活力。如果说在原始神话中转体变形是前逻辑思维的产物，那么，在有史以后的社会心理与习俗中，鱼的"通灵善化"神能的赋予则更多地表现为文化的手段，即对相邻相关文化因素的整合。

异鱼是中国鱼文化中的奇特现象。所谓"异鱼"，即非常之鱼，它们一般具有鱼类与其他自然生物合体的外形特点，但仍保留着鱼类水生动物的基本性质，只是某些特征在巫术氛围中受到扭曲和夸张，表现为创造中的自然主义与形式主义的叠用。《山海经》《异鱼图赞笺》《三才图会》《坤舆图说》等文献记有大量的异鱼资料，就其构图形式而言，分为"多连体形""鱼鸟化合型""鱼兽合体型""鱼人合体型""异类综合型"五种。就异鱼的内涵隐义而言，在重重神秘帷幕的背后，演示着文化观念中的不同"山海"的不同物种所存在的整合趋势。

鱼的变形转体之说源于鱼有再生不死之性的观念，"化生"的基本意义就在于生命的延续与流动，任何物种形态只是命魂的寓体，求生的欲望则是整合趋势的内在应力。我们可以从商周墓葬中所谓的"玉鱼刻刀"上加深这一认识。

---

① 鱼化蝙蝠者，即鼍风鱼，事见《异物志》。余者均见《异鱼图赞笺》。

　　在殷墟妇好墓和北京琉璃河西周墓等处均发现有大量的"玉鱼刻刀"（图89），这种"形"与"器"的一体，本身就体现了文化观念的混融。这类"玉鱼刻刀"与太湖流域新石器遗址出土的"鱼形骨匕"有形式上的联系（图90），而其牙状尖形器式"刻刀"的随葬，又与大汶口文化、龙山文化手握獐牙器的葬俗一脉相承。[1]因牙齿具有长生不灭的生命之种与生命载体的意义[2]，所以，原始文化中的獐牙从葬表达的是对牙齿能启动转世复活的信仰。（图91）上古礼器玉质牙璋与原始的獐牙器也有着一定的联系，表现为信仰观念的承继和文化形态的发展。《周礼》释"牙璋"曰："首似刀两旁无刃，……独有旁出之牙，故曰牙璋。"而尖刃"玉鱼刻刀"当是牙璋的一种特殊形制。

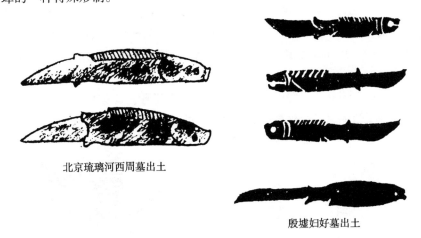

北京琉璃河西周墓出土

殷墟妇好墓出土

图89　玉鱼刻刀

图90　鱼形骨匕

---

　　① 大汶口文化遗址出土獐牙188件，握于死者指骨中，是一种葬俗形式。见《大汶口——新石器时代墓葬发掘报告》，文化出版社，1974年。

　　② 见陶思炎：《牙齿与生命》，《文史杂志》1988年第5期。

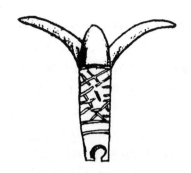

图 91　獐牙钩形器

　　此外，广西南丹白裤瑶族则以牛角表达出与獐牙器类似的意义。在那里，对正常死亡的人要砍牛送葬，并将牛角成对地嵌在木柱上。南丹崖洞葬棺架的四立柱，其柱头一对雕作牛角形，另一对雕为人头形。[①] 牛角柱同獐牙器一样，形如幼芽出土，以植物的芽苗寄托化变复生的情感。（图 92）从延安地区的剪纸图案中，我们亦能看到对这一意义的艺术表达。其中有一幅"抱鱼举芽图"，图中人右手抱鱼，左手举芽，其芽与獐牙器极为酷似，表现了鱼的通灵善化与芽的长生长活的象征联系。（图 93）

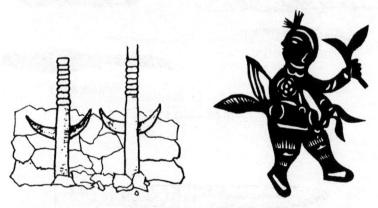

图 92　瑶族的牛角柱坟　　　　图 93　抱鱼举芽图（民间剪纸）

　　可见，考古学提供的原始遗物和民俗学提供的现存资料，都能帮助我们对"鱼形刻刀"的化生作用加以认识，并让我们循此探得其真正的功利动因。

---

　　① 见《考古》1987 年第 8 期，第 752 页。

在鱼文化的发展中，求生信仰又衍变出通达观念，在实物层面又出现了"鲤鱼跳龙门"一类的文化图样。在意义上，鱼跳龙门与鱼龙幻化相连，鱼龙幻化又与去卑趋尊相关。晋代长安歌谣曰：

> 东海大鱼化为龙，男皆为王女为公。①

此外，《琵琶记·南浦嘱别》中有这样的曲词：

> 孩儿出去在今日中，爹爹妈妈来相送，但愿得鱼龙化，青云得路。

《后汉书》称攀附高官者为"登龙门"②，唐、宋间则以科举会试中登科而称之。③这一题材留下了大量的实物资料，它们在民间年画、挂笺、织染品、绣品、剪纸、建筑装饰等方面至今犹见，表现了人们借取鱼的善变之性寄托着化卑为尊、脱贫致富的通达愿望。（图94）这种从求再生到求富贵的转变，体现了时人对现世生活的执着追求，也透露出在封建社会上升时期士庶们的乐观进取的心态。

图94　鱼跳龙门挂笺

鱼的变化之功在传承中还融进了外来的因素：晋代墓砖上出现了长翅的"飞鱼"，而唐、宋、辽、金时期还出现了大量的鱼龙合体型的"摩羯"图样。（图95）"摩羯"本为印度的河精，梵文称 makara，它在公元4世纪

① 见《晋书》一百十二。
② 《后汉书·李膺传》曰："膺独持风裁，以声名自高。士有被容接者，名为登龙门。"
③ 李白《与韩荆州书》曰："一登龙门，则声誉十倍。"《封氏闻见记》卷二曰："故当代以进士登科为登龙门。"

末随佛教传入中土，受到中国文化的整合与改造，龙首鲤身替代了它原先鲸鱼或鳄鱼的基本形式，出现了以象鼻、巨牙、飞翅、鱼尾为构造特点的"鱼龙"图像，并广泛见之于鸱尾、墓砖、铜镜、餐具、用器等方面。（图96）作为中印河精之合体，"鱼龙"形的摩羯纹体现了中国鱼文化在其发展中的整合功能。

图95　唐鎏金银盘（辽宁昭盟喀喇沁旗出土）

元长柄勺　西安曲江池出土　　　　　金铜镜　甘肃临洮县出土

图96　摩羯纹用具

作为次生性的功能趋向，鱼文化功能的外衍导向是始生导向的延伸与演化，其关注对象由生活资料和人口繁衍转向更广袤的物质空间——自然世界、宇宙天体，以及转向外化的精神空间——神秘的神鬼世界。此类功能既包容着对世界的神话认识和幼稚的哲学思考，寄托着加以认知与利用的渴望，同时也包容着宗教的意识，并体现出对自身精神现象加以把握的努力。

三、中国鱼文化功能的内化导向

所谓"内化导向",作为中国鱼文化的次生性功能趋向,它同外衍导向一样,是摆脱了对"两种生产"的直接追求而增衍出的文化功能。中国鱼文化的内化导向主要表现人的实用性观念,特别是表现人的日常活动,它关注的对象往往是人类自身——人的身体、命运、交际和游乐等。

中国鱼文化的内化导向的应用展开领域,包括巫药与占验作用、祭祀与祝贺的礼物、游乐与赏玩的对象等方面。这些功能空间在原始社会末期就已经形成,主要在古代的文明社会中得到发展,并形成相关的礼仪和风俗。中国鱼文化的内化导向使鱼类逐步摆脱了被附缀的神性而回归原真的自然之物。内化导向自有其重要的文化价值,在鱼文化的功能研究中同样需要加以具体的探究。

(一)巫药与占验作用

巫药与占验作用是中国鱼文化的特殊功能,它利用幻想中的鱼的超自然之力,对病痛及一切与人相关的事物施以影响,并以之预卜后果,决断行止,表现出鱼文化功能中的选择意向。

有关《山海经》中的一些"异鱼",就其性能说,大多具有巫药的功用。例如,《南山经》中有"食之无肿疾"的鯥鱼,"食之不疥"的赤鱬;《西山经》中有"食之已狂"的文鳐鱼,"食之使人不眯"的冉遗鱼;《北山经》中有"食之不痒"的鳛鳛鱼(图97),"食之已疣"的鱲鱼,"食之已痈"的何罗鱼,"食之无痴疾"的人鱼;《东山经》中有"食之无疠"的珠鳖鱼(图98);《中山经》中有"服之不畏雷"的飞鱼,"食之已白癣"的修辟鱼;等等。

图97 鳛鳛鱼

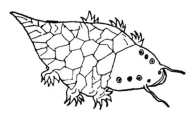

图98 珠鳖鱼

　　鱼的药用作用被人为神秘化后，其夸大的记述在其他古籍中亦常见之。如《仙经》称作"肉芝"的"逆鳞鱼"；取石烧灰，吹入鼻中解毒的石首鱼[①]；妇人难产手握之便生的"郎君子鲞"[②]；以头烧灰合小豆末、七粒米同饮服预辟瘟疫的鲍鱼等[③]；都是治病或免患的巫药。

　　巫药的启用与实践中鱼的药用价值的发现，都与鱼作为巫术法具的因素相关，其信仰的成分仍占据主导地位。巫药有内服的，也有外用的。例如，南阳丹水所出的丹鱼，"割其血以涂足，可以步行水上，长居渊中"[④]。它同以鱼血涂祭的巫术祭仪有关，也与"玉兔捣成蛤蟆丸"的仙药相通，其功用均在于开辟人类难至的空间，以求长居长生。因此，丹鱼血也是一种导引升迁异境的巫药。

　　鱼可充作巫药的性质还导致了对巫鱼的崇信。在北京潭柘寺有一条康熙年间制成的木鱼，曾被人们视作能治病化灾的"仙鱼"而受到叩拜。（图99）直到1949年以前，人们还相信，敲其头可治头疼，敲其身可已肚疾，敲其尾可止脚病，反映出对鱼类巫药信仰的久远影响。

图 99　木鱼

　　鱼占也属巫术范畴，在鱼文化中亦具有独特的功能作用，它借助鱼象卜知未来，探测吉凶，是以信仰手段对自然与人生做出的认知和取舍。《山海经》作为记录上古神话与巫术的最早典籍，收有不少鱼占的实例，如文鳐鱼，见"则天下大穰"；冉遗鱼，"可以御凶"；飞鱼，"可以御兵"；此为吉兆。（图100）此外，鳟鱼、薄鱼、鮨鱼等，"见则天下大旱"；赢鱼"见则其邑大水"；此为凶兆。（图101）在其他文献与民间习俗中还可见到多种鱼占形式，究其类型大致可分为三类。

---

　　① 事出《雨航杂录》，见《异鱼图赞笺》卷二。

　　② 《异鱼图赞笺》卷一曰："《本草》名'郎君子'，元文类作'郎君子鲞'，主治妇人难产，手握之便生，极验。"

　　③ 《本草纲目》附方，见《古今图书集成》博物汇编·禽虫典第一百三十三卷。

　　④ 见《抱朴子·水经》。

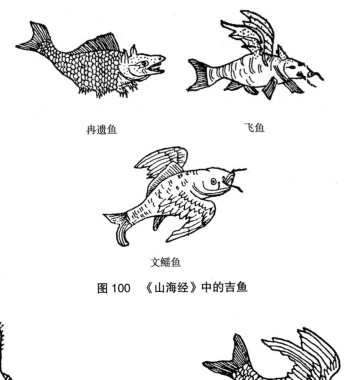

冉遗鱼　　　　　　飞鱼

文鳐鱼

图 100　《山海经》中的吉鱼

鳟鱼　　　　　　　　　鳝鱼

蠃鱼　　　　　　　　　薄鱼

图 101　《山海经》中的凶鱼

其一，占水旱丰歉。其事最为繁杂。如鲇主晴、鲤主水①，鳜口占水旱②，鱼服占雨③，虾笼中有鳟主风水④，鲫鱼骨曲主水⑤。甚至契丹人也以牛鱼为岁占，《正字通》曰：

> 按《通雅》曰：牛鱼，北方之鲔类也。契丹主达鲁河钓牛鱼，以其得否为岁占。

其二，占人事。例如，鱼斗则帝崩、失政。《隋书·五行志》曰：

> 后周大象元年六月，有鲤鱼乘空而斗，犹臣下兴起，小人从之而斗也。明年帝崩，国失政。

此外，还有鳝死国亡之占。《十国春秋·南唐后主本纪》曰：

> 鳝者，鲤类，今死则国亡矣。

另有鱼入船为"敌解甲归我"之占⑥，等等。

其三，占吉凶。例如，白鱼入舟为祥瑞⑦，鳗出则有疫灾。宋人沈括《梦溪笔谈》记越州应天寺有鳗井，并称：

> 凡鳗出游，越州必有水旱疫病之灾，乡人常以此候之。

此外，还有黄鱼、貔肉同食遭雷震之说⑧，等等。

可见，鱼占、鱼兆在中国鱼文化中独占一类，它是巫术观念与选择意

---

① 《田家杂占》云："车沟内鱼来攻水逆上，得鲇主晴，得鲤主水。谚云：'鲇干鲤湿。'"

② 《田家杂占》云："渔者网得死鳜谓之水恶，故鱼著网即死也。口开主水，立至易过；口闭来迟，水旱不定。"

③ "天将雨，其毛皆起。"见《毛诗陆疏广要》"象弭鱼服"条。

④ 《田家杂占》云："虾笼中张得鳟鱼，主风水。"

⑤ 《田家杂占》云："夏初食鲫鱼，脊骨有曲，主水。"

⑥ 《前凉录》曰："鱼，鳞物，敌必解甲归我矣。"事与《史记·周本纪》《竹书纪年》等所载武王伐纣故事类同。

⑦ 《宋书·符瑞志》《南齐书·祥瑞志》均载有白鱼入舟之事。

⑧ 《括异志》曰："黄鱼同貔肉同食，立遭雷震。"

向的结合，作为民间俗信的形式，构成了鱼事信仰中的一个重要方面，其作用甚至能超越精神的范畴而波及其他的文化领域，并在一定程度上对人们的物质生活与社会生活产生潜在的影响。

（二）祭祀与祝贺的礼物

鱼祭之俗来源于鱼类通灵有性，善达人意，能勾连天神地鬼的信仰，并留有对食物景仰的原始神秘观念。早在先秦时期，鱼祭就已发展为敬神事鬼的朝礼，成为制度文化的一个重要方面。

在先秦典籍中，鱼祭之礼所记甚多。《荀子·礼论》曰：

> 大飨尚玄尊，俎生鱼，先大羹，贵饮食之本也……故尊之尚玄酒也，俎之尚生鱼也，豆之先大羹也，一也。

这里，以盘供生鱼，以清水为酒是太庙合祭历代祖先之礼。《管子·轻重篇》曰：

> 立五厉之祭，祭尧之五吏。春献兰，秋敛落原鱼以为脯，鲵以为殽。若此，则泽鱼之征百倍异日。

其所言为秋季以鱼祭五厉，需求量与日俱增。可见，鱼祭在当时是一相当普遍的礼仪。

从山东枣庄出土的一块东汉画像石上，我们能看到鱼祭的实物图像。该图正中是一胜形香炉，其上插香三株，左右对称地放着盘装的供鱼。该图像记录着汉代供案上的祭供之物及其陈设方式。（图102）

图102　鱼祭图

自中古以来在墓祭中仍多行鱼祭，甚至在异闻故事中也留有传言和载录。如《太平广记》中的"史氏女"，生一鲤鱼，后"奋跃而去"，女卒后，"每寒食，其鱼辄从群鱼一至墓前"[①]。故事表面叙说的是鱼扫母墓的情节，实际上是对以鱼祭墓习俗的文学化和伦理化，并隐含有孝道的观念。

此外，在《元史·胡光远传》中记有一则"獭祭鱼"的故事：

> 光远，太平人，母丧，庐墓一夕梦母欲食鱼，晨起号天，将求鱼以祭。见生鱼五尾列墓前，俱有齿痕。邻里惊异，方共聚观，有獭出草中浮水去，众知是獭所献，以状闻于官。

"獭祭鱼"为故神奇说，然透过其貌似写实的记述，仍可看到鱼祭与墓祭间的紧密联系，以及中古前后被不断夸大的孝感信仰的渗透。

除了祭祖事鬼，在敬神中亦多有鱼祭。宋人范成大《祭灶词》中有"猪头烂熟双鱼肥"句，明代高启《里巫行》中有"白羊赤鲤纵横陈"句，其中鱼都作为献神的祭品。在苏南祭神的"吉礼"中亦必用鱼：

> 其吉礼，祀行神曰"路头"，土示曰"宅神"，皆果盘三，蔬盘三，豕肉一，鸡一，鱼一……[②]

鱼祭的信仰还演变成商民祈兴隆、求通达的习俗。例如，宁波商民在正月五日"请财神"时，要供放两条活鲤鱼，祭毕由两人同放江河，以祈"生意兴隆通四海，财源茂盛达三江"。这一习俗与鱼表物阜丰足、通灵有性的信仰有关，也与鱼能献珠赐宝、知恩善报的神话故事相联，表现了托物寄情、缘俗托意的世风。

鱼在中国人的社会生活中还用作交际与祝贺的礼物。在宋代婚嫁礼俗中，男家要送女家许口酒，女家则以淡水两瓶，活鱼三五尾，筷一双放原瓶回送，叫做"回鱼箸"。在苏北的一些地方，至今还留有女婿探望岳父母必带鸡、鱼的习俗。苗族走客送礼也多带鱼，而侗族在祭祀、庆典、交际等场合无鱼也不行。鱼因"瑞物"而被选作礼品，并用于寿诞之贺。唐

---

① 《太平广记》卷四百七十一。

② 《武进、阳湖县合志》卷一。

代张九龄《贺瑞鱼铭》曰：

> 鱼为龙象，既彰受命之元，铭作久文，更表锡年之永。

铭文所言为鱼有赐寿之功。此外，"鲛绡"手绢在唐代以前就已出现，唐诗人唐彦谦《无题》诗中有"云色鲛绡拭泪颜，一帘春雨杏花寒"句，而在明清时期，"鲛绡"手帕已成为常见的赠礼。《红楼梦》中的林黛玉在手帕上题写的诗句云：

> 眼空蓄泪泪空垂，暗洒闲抛却为谁？
> 尺幅鲛绡劳解赠，叫人焉得不伤悲！[①]

在北京南苑苇子坑明墓出土的一块妆花缎手帕上，亦见有题诗，其诗云：

> 一幅鲛绡五彩鲜，云孙织就不知年。
> ……
> 殷勤更数长生祝，乞与蓬莱顶上仙。

鲛为海人鱼，善织善绣，眼能泣珠，以其绡为献是以鱼为礼的变通。不过，林黛玉的"鲛绡"有意中之意，即着眼于鲛之善"泣"；而北京明墓的鲛绡则表达益寿延年之贺。

鱼从祭品到礼品的衍化，表明了鱼文化功能的转易，即由敬神事鬼而为人际交往，从巫术、宗教步向了现实生活。

（三）游乐与赏玩的对象

鱼作为游乐与赏玩的对象，表现为中国鱼文化的满足功能。

历代制作的各类鱼灯，均取其观赏之效与喜庆之求。魏代殷巨作有《鲸鱼灯赋》；梁元帝《对烛赋》中有"未知龙烛应无偶，复讶鱼灯有旧名"之咏；宋人范成大《琉璃球》诗中有"龙综缫冰茧，鱼纹镂玉英"之

---

① 见《红楼梦》第三十四回。

句；辛弃疾词中则有"玉壶光转，一夜鱼龙舞"①之唱。可见，鱼灯由来已久。明清宫廷中有双鱼宫灯，而民间上元节提灯会中鱼灯更是比比皆是。松花江边的满人春节有舞三节巨型鱼灯之戏，广东梅县元宵节有"鲤鱼舞"的节目，浙江象山开渔节有海鱼灯的舞蹈，在广东茂名开渔节上也有鳌鱼灯和海鱼灯的表演。在那些地方，鱼灯均已成为游艺与赏乐的对象。

鱼形玩具也古亦有之。在秦都咸阳故城遗址曾出土两件战国时期的陶鱼，鱼身中空外鼓，内含一粒小石丸，当为摇之听音的儿童玩具。（图103）此外，鱼形风筝的赏玩性质也十分明显，在明清瓷画、现存实物及曹雪芹佚著《南鹞北鸢考工志》中，都见有单鱼形或双鱼形的风筝样式。

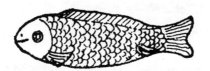

图103　战国陶鱼玩具

民间有许多"鱼戏"节日和"鱼趣"活动。例如，正月十八日为广西苗族的"闹鱼节"，正月十三至二十三日为陕西三原县表演"鱼变龙"的庙会期日，三月三日是古代妇女下河拟鱼逐戏的"上巳节"等。此外，观鱼、唤鱼、钓鱼（图104）、养鱼、斗鱼等，亦构成民间游乐习俗的重要内容。其中，"斗鱼"为民间的一项比较独特的博戏活动。

图104　垂钓图

---

① （南宋）辛弃疾：《青玉案·元夕》。

斗鱼之戏见于我国南方，在宋以前当亦有之，至明清两代犹颇兴盛。宋人张世南的《游宦纪闻》载：

> 三山溪中产小鱼，斑纹赤黑相间，里中儿养之角胜负为博戏。

此种斗鱼之名叫作"丁斑鱼"。据明代陈懋仁《泉南杂志》载：

> 斗鱼大于指，长二三寸，花身红尾，善斗。人家盎畜之，俗呼"丁斑鱼"。

这类善斗的丁斑鱼在《泉州府志》中亦见载述：

> 丁斑鱼生坑谷间，长仅二三寸，善斗。相遇辄鳃鬣怒张，辗转交噬，移时不释。乡人多盆畜之，以角胜负。

斗丁斑鱼为闽南的斗鱼之戏，而苏南地区的游侠儿则畜斗波斯鱼。明代顾起元在《客座赘语》中所载甚详：

> 潘庚生《亘史》载宋文献云："予客建业，见有畜波斯鱼者，俗讹为'师婆鱼'，其大如指，鬐具五采，两鳃有小点如黛，性矫悍善斗。以二缶畜之，折藕叶复水面，饲以蚓、若蝇及蚊。俟鱼吐泡叶畔，知其勇可用，乃贮水大缶，合之。各扬鬐相鼓视，怒气所乘，体拳曲如弓，鳞甲变黑。久之，忽作秋隼击，水声泙然鸣，溅珠上人衣，连数合复分。当合如矢击弦绝，不可遏。已而相纠缠，盘旋弗解。其或负，则胜者奋威逐之，负者惧，自掷缶外，视其身纯白矣。"[1]

波斯鱼虽为舶来品，但它已融入中国鱼文化中，并同斗鸡、斗牛、斗蟋蟀、斗鹌鹑等一样，反映出时人赏玩的情趣。

在唐代文人的酒戏中，还有"钓鳌"的酒令。《说郛》四四引宋章渊《稿简赘笔·酒令》曰：

---

[1] 见（明）顾起元《客座赘语》卷四，中华书局1987年版。

唐人酒戏极多，钓鳌竿，堂上五尺，庭前七尺，红丝线系之。石盘盛诸鱼四十品，逐一作牌子刻鱼名，各有诗于牌上，或一钓连二事物，录事释其一以行劝罚……《巨鳌诗》云："海底仙鳌难比俦，黄金顶上有瀛洲。当时龙伯如何钓，虹作长竿月作钩。"

可见，酒令与鱼戏已铰结为一体。

在鱼的游艺中，要数汉、隋的"鱼龙曼衍"之戏最为壮观。此戏的图像在汉代画像石上留有印迹。在江苏铜山县出土的一块画像石残块上，图中为生有四脚的"陵鱼"，四方有青龙、白虎、朱雀、玄武四神，另有禽兽、舞人、举槌击乐者等。在山东沂南出土的一块大型画像石的中部，右前方为一巨鱼，鱼后立两人，鱼前一人半跪，似用肩头撑扛巨鱼，三人均手举摇鼓；左前方为一奔龙，一人站在高处持长竿驱使之；图中另有吹笙者、击磬者、吹笛者、击拍者、走独木桥者、倒立者、扮怪兽者、摇树者等，场面极为壮阔。（图105）张衡《西京赋》曰："霹雳激而增响，磅磕象天威，百兽百寻为曼衍，海鳞变而成龙……"戏中百兽列陈，以烘托鱼龙化变的主题，并创造欢腾喧闹的舞台场景气氛。

图105　鱼龙曼衍

汉、隋两代均曾以此散乐百戏招待外国使臣，以夸耀大汉文化。《汉书》六十六"西域传下"载：

设酒池肉林，以飨四夷之客，作巴俞、都庐、海中砀极、曼衍鱼龙、角抵之戏，以观视之。

另，《隋书·音乐志》载：

> 及大业三年突厥染干来朝，炀帝欲夸之，总追四方散乐，大集东都，初于芳华苑积翠池侧，帝帷宫女观之。有舍利先来戏于场内……又有神鳌负山，幻人吐火，千变万化，旷古莫俦。染干大骇之。

至今仍流传于陕西省三原县的民间舞蹈《鱼龙变化》和流传于广东省番禺县（今广州市番禺区）、澄海县（今汕头市澄海区）的《鳌鱼舞》，均与古代"鱼龙曼衍"之戏有承继关系。陕西省的《鱼龙变化》舞，其内容主要表现鱼龙幻化的过程，即由鱼籽变鱼，由鱼变鳌，由鳌变龙。其鱼籽、鱼等均为灯具，场上设有龙门布景，并燃放烟火，场景欢腾热烈。[①]广东省番禺县（今广州市番禺区）的《鳌鱼舞》造型轻巧、怪异，一雄一雌，伴随着主持文运的文曲星翩翩起舞；而澄海县（今汕头市澄海区）的《鳌鱼舞》则雄伟壮观，鳌鱼作龙头鱼身，全长 13 米，口吐火珠，奋跃龙门……[②]

总之，游乐与赏玩是中国鱼文化功能中不可忽略的一项，它既反映了世俗化生活对鱼神信仰的改造，又显示出中国鱼文化多层次、多功能的特点，它能唤起快感和欢悦，调动起文化再创的活力。

中国鱼文化的功能导向由"始生"到"外衍"和"内化"的演进，是双向的、并行的发展，它们之间并没有相互制约、相互取代的关系，而是伴随着社会历史的发展而逐步增衍、扩散，其兴盛或消隐完全取决于历史的与生活的杠杆。它们有先后、强弱、显隐的不同，但各有功用，各具规律，从不同的层面共同构建了鱼文化的体系。

表生殖信仰和丰稔物阜的功能导向几乎贯穿了鱼文化发展的历史过程，构成了中国鱼文化的主干，即领有了主文化的地位。在诸多的功能中，具有半人格和半神格的生殖信仰、图腾崇拜，是鱼文化最早的功能导向；而用作贺礼和加以赏玩的功能则最为晚出。纵观鱼文化功能从始生导向到外衍导向、内化导向的发展，我们可看到"鱼文化"或"文化鱼"由神格，经半人半神格，而回归物格的历史过程。

---

① 参见陈菊珍：《〈鱼龙变化〉与民俗》，《舞蹈论丛》1988 年第 3 期。
② 参见马明晓：《动物入舞奇趣多姿》，《人民日报》（海外版）1988 年 11 月 23 日。

　　中国鱼文化功能的始生导向是氏族社会的产物，其萌生的诱因乃初民对"生活资料"和"种的繁衍"这"两种生产"的执着追求。图腾主义、生殖信仰、物阜企望的展开，使鱼文化从物质、精神与社群等不同层面构建起自己体系的雏形。随着社会历史的演进与文化的发展，中国鱼文化又衍化出两类次生性的功能导向。次生导向与始生导向的划分乃系于对"两种生产"的离合。其中，外衍导向关注外在的物象与意象，而内化导向则关注创造主体的自身。它们作为始生导向的延续与转化，从生成看，有源流之分；从存在看，呈并行发展。由于鱼文化功能的外衍与内化作用，导致鱼物、鱼图、鱼信、鱼事的进一步增繁，鱼文化遂成为中国传统文化中最丰富的体系之一。它适应着渔农经济的发展，并因此在中国社会生活中保持着长效的功用。作为内隐的机制，鱼文化功能导向的演化却决定了中国鱼文化一切外显形态的盛衰转化。

第四章　鱼谜揭解

一、鱼类献宝

在中外民间传说和民间故事中，"鱼类献宝"是一常见的母题。金鱼或其他鱼类感恩知报，扶善惩恶的主题不仅见之于口头文学，甚至还出现在权威的文人童话之中，例如，德国的格林兄弟和俄国的普希金都因此写出了传世的名篇。

"鱼类献宝"的故事多表现道德与物欲的矛盾冲突，以及因果报应的观念，它形成于我国的中古时期，但有着深厚的文化渊源，其在东西方的广为流布是文化传播的结果，有深入考察的价值。

（一）实例

鱼类献宝的故事在中国古代典籍中多有记述，在现代汉族和一些少数民族中仍见流传。现略举数例，并对照域外有关故事以作考析。

1. 武帝放鱼得珠

据《三秦记》载：

> 昆明池中有灵沼，名神池。云尧时治水尝停舡于此，池通白鹿原。原人钓鱼，绝纶而去。梦于武帝，求其去钩。三日戏于池上，见大鱼衔索，帝曰："岂不昨所梦邪？"乃取钩放之。间二日帝复游池，池滨得明珠一双，帝曰："岂昔鱼之报邪？"①

《三秦记》为已亡佚的古地理书，六朝以来的地理书、类书多有摘引，

---

① 引自（明）陈耀文《天中记》卷五十六。

因其内容不及魏晋，故被疑为汉代人之作。《武帝放鱼得珠》是鱼类感恩献宝故事的最早例证，其基本情节结构是：乞归—放生—得宝。这一叙事结构成为后世鱼类献宝故事的先型。

2. 叶限养鱼得报

据唐代的《酉阳杂俎》载，叶限乃"为后母所苦"的孤儿，曾得一尾"二寸余，赪鬐金目"之鱼，并养于盆中。鱼"日日长，易数器"，最后放养后池中。叶限以余食饲之。后母骗开叶限，斫杀其鱼，食其肉而葬骨粪下。女"不复见鱼"，"乃哭于野"，有人自天而降告之：骨在粪下，取鱼骨藏于室，有所需祈之，即有。"女用其言，金玑衣食随欲而具"。叶限乃得翠纺衣和金履，后因丢失的一只金履而为陀汗王所发现，"王载鱼骨与叶限还国，以叶限为上妇"，而后母及其女则为飞石击死。王贪求，第一年祈鱼骨，宝玉无限；第二年则不复应。后王葬鱼骨于海岸，"用珠百斛藏之，以金为际"，然一夕，"为海潮所沦"。①

《叶限》中的神鱼为"赪鬐金目"，它成了后世中外民间故事中"金鱼"的先声。故事除报善又增添了惩恶的内容，并有法具（鱼骨）作为献宝的灵物。《叶限》不仅是世界"灰姑娘"型故事的最早实例，也是畜养得宝型鱼类故事的较早例证。

3. 刘成放鱼得钱

唐代张读《宣室志》卷之四载：刘成听舫中万鱼呼佛，遂投群鱼于江中，后遭同伴唾骂，"用衣资酬其值"，余钱易获草。草迁舫中后忽重不可举，解草而视，得缗十五千。

《刘成》的故事说的是放鱼而得金钱的善报奇闻，其情节结构仍然是"乞归—放生—得宝"，它没有惩戒的内容，却在故事的叙述中融入了佛教因果报应的观念。

4. 异鱼以珠相报

据宋《青琐高议》载：广州渔者网得一重百斤的异鱼，乃携归家中。入夜，鱼忽作人语，渔人以为怪，欲弃之。有蒋庆者，求而得之。庆妻应求，取海水养之。夜，鱼又曰："放我者生，留我者死。"两日后，庆执刀相问所以，鱼言己为"龙之幼妻"，并言："放我，当有厚报。"蒋庆乃以小

---

① （唐）段成式：《酉阳杂俎》续集卷之一。

舟将鱼载入大海深水处而放之。后鱼果遣人献蒋庆以美珠。①

在这则故事中，鱼也能作人语，有报答而无惩罚，其感报之因为兼畜养与放归二事，而就故事中行善的人物而言，出现了两个角色，除了蒋庆，还有其妻，成为鱼类献宝故事情节复杂化的起始。

5. 渔夫和仙鱼的故事

流传于湖南洞庭湖一带的一则民间故事讲：一个渔夫在洞庭湖上救了一个翻船落水的少女，此乃龙女。她赠以"分水球"，约渔夫到海中与她成亲，然后便化为一条金鱼入水不见踪影。渔夫如约入海成亲，但过了些时日，他思母心切，想离开龙宫，龙女便赠以"宝盒"，并说想见她时就对盒子呼唤，还再三叮嘱渔夫切勿开启宝盒。龙宫一日，人间十年，待渔夫上岸，其母早亡，村庄变样，乡人见他皆不相识。他十分惊异，急欲探问龙女，无意中竟打开了盒子，只见浓烟升起，霎时间，他由英俊少年变成了八十老翁，并老死岸上。阵阵潮水声是龙女的叹息。②

故事中龙女化作金鱼的记述值得注意，她以婚配相报，以宝盒为法具，因救溺而感恩，而受恩谢者因犯忌而遭惩，开启了这类民间故事的情节由献宝向婚嫁的变化。这则故事的情节线索包括十个链结，即：救溺—赠球—婚约—化鱼—婚居—求归—执盒—惊变—犯忌—老死。其中"赠球"一节，即赠以分水球，潜留着金鱼献宝的原型，而"婚约"是报恩的发展。故事中报恩与惩戒的对象同为渔夫，与其他故事惩恶报善的角色分离不同，其情节因主人公行为的差错而更加迭宕，其扬善与惩戒的意义也更耐人寻味。

6. 小金鱼的宝箱

这则故事流传于藏族地区，其异文有六种之多，它的主要情节是：

一牧羊人在江边捉到一条金鱼，带回家中，养在缸里。第二天，当他放羊回家时，发现自己的草棚、羊圈变成了高大华丽的楼房，雕梁画栋，胜似宫殿。第三天，牧羊人外出后旋即回返，窥见金鱼跃出缸外，脱去鱼皮，变成一位美丽的姑娘。她烧茶做饭，打扫门窗。牧羊人赶紧取过鱼皮投入火中，姑娘不能复变为鱼，乃相与结为夫妻。国王发现后，欲夺其妻，便给牧羊人出难题，要求三天内修起高大的城墙，三天内在旷地上

---

① （宋）刘斧：《青琐高议》后集卷之三《异鱼记》。
② 见李岳南：《神话故事、歌谣、戏曲散论》，新文艺出版社 1957 年版。

种上万株树苗，三天内引来各种禽鸟，比赛拾青稞、赛马等。牧羊人按姑娘所说到江边向"娘娘"借宝箱，小金鱼先后给他送来装有工匠的宝箱、植树宝箱、小鸟宝箱、鸽子宝箱和良马宝箱等，解决了难题。最后，鱼姑娘借来了"哈布"宝箱，哈布为赏善罚恶之神，他们看上去是一群铁人，各个提刀拿斧，从箱中出来杀死了国王，活擒了大臣。牧羊人被推举为新王。①

这则故事的施恩者亦明确为"金鱼"，其法物为"宝箱"，实为"宝盒"的另一形式。其报善的方式，除了婚嫁，还举戴成王，表明此类故事由献宝到嫁女，由嫁女到封王的逐步增繁。由于宝箱隐含献宝的原义，这则故事实际上包容着赐宝、赐女、赐王的三重恩赏，而贪王考验过程的穿插，则增添了第三角色的存在，使故事情节更趋于复杂。

7. 金鱼

这则故事流传于维吾尔族民间，它讲述金鱼化人报恩的事迹。其主要情节是：

一孩子打到一条金鱼，便放回河中。做商人的父亲知道后大怒，欲手刃亲儿，母亲则让他外逃。在逃亡乞讨的途中与另一青年相识相伴，两人亲如兄弟。有一天，他们来到某地，因吃了包子、凉面无钱付账，按当地法规应处死，后被改派去拯救被妖怪抓去的公主。哥哥先杀老妖，后又斩杀其二子——白妖与黑妖，终于救出了公主。国王出于感恩，遂将公主嫁给了弟弟。七天后，哥哥要走，弟弟与公主同去送行。半途遇上一条大河，这时哥哥言破自己就是被弟弟昔时救过的金鱼所变，并跃入河中，复化作小金鱼，点头游去。②

这则故事以娶公主为报，但仍隐含"献宝"的踪迹。为商之父因儿放归金鱼欲杀儿，透露出金鱼与财富间的潜在联系。故事中的金鱼化男，是此类故事形象的变异，而以勇士取代美女，以除妖代替惩恶，表明情节因主客体身份的化变而异转，但《金鱼》仍未失去"献宝"类故事的基本格调。

8. 鲤鱼报恩

此系达斡尔民间故事，其描述对象虽称"鲤鱼"，但仍沿袭"金鱼献

---

① 见《藏族民间故事选》，上海文艺出版社，1980 年。
② 见《维吾尔族民间故事选》，上海文艺出版社，1980 年。

宝"型故事的基本情节。其主要内容为：

有一个孤儿，一天放走了一条逆鳞鲤鱼。这鲤鱼原是龙王的三公主，她决定以婚嫁为报答。孤儿与她成亲后，鲤鱼姑娘甩了三下宝巾，出现了四面有镜子的三间大房子，还有仓库和五畜。财主白音一见到鲤鱼姑娘就着了迷，提出要与孤儿换妻。孤儿照鲤鱼姑娘之计，换白音七老婆，并嘱咐见白音家灶边长出白菜即逃走，因白菜一砍倒就要发大水。果真如此，大水淹死了白音全家。于是孤儿与新媳妇住进了白音家，还挖出了他家窖藏的金银，过上了好日子。①

这则故事的主题是报恩与惩恶，其中婚嫁与献宝是报恩的主要方式。不论是宝巾变物还是掘地取金，都是对鱼神献宝的夸张描述。故事的正反角色间的关系是奴仆与主子的关系，同近代地主、长工型故事有糅合的倾向，可看作鱼类献宝故事的晚出类型。

在域外亦有鱼神献宝型故事，在此且举三例以论说。

1. 渔夫和雄人鱼的故事

渔夫阿补顿拉去海边打鱼，他左一网，右一网，总是打不着。有一天他终于打到一网，拉上来只见是一个活人。这是一条雄人鱼。雄人鱼求渔夫放它回去，并答应做出报答，方法是每天用珊瑚、珍珠、橄榄石、翡翠、红宝石等同渔夫换葡萄、无花果、西瓜、桃子、石榴等水果。渔人放了它，后来用水果换回来许多珠宝。国王察知后，招渔夫为驸马，委任为宰相。渔人与雄人鱼交换一年的礼物后，应邀去海中参观、游览，海中国王让他在珠宝库中选带了许多名贵宝石。雄人鱼因对世人在死丧中的哀痛不满而与渔人绝交，后渔人多次呼唤，终不复应。②

这则阿拉伯民间故事所叙述的是异鱼献宝之事，其情节为：堕网—乞归—献宝—恩助—绝交，与中国同类故事的结构基本相仿。

2. 渔夫和他的妻子

出自《格林童话》。故事大意为：一个渔夫和他的妻子住在海边的破船里。有一天，渔夫钓到一条很大的比目鱼。比目鱼说自己是被施了魔术的王子，并请求放归大海。渔夫便放了他，渔夫的妻子得知后，要他去向小王子要一间草棚子。有了草棚子，妻子又叫渔夫去要宫殿。后来她又要

---

① 见萨音塔娜编：《达斡尔民间故事选》，内蒙古人民出版社，1987年。
② 详见《一千零一夜》（六），人民文学出版社，1984年。

做国王，做了国王又要做皇帝、做教皇。最后她要和上帝一样，能叫太阳和月亮随时出来。于是比目鱼说："她又坐在破船里面了。"果然，渔夫和他的妻子又重新回到了破船中。[①]

德国格林兄弟的这则童活，显然是对民间鱼神献宝故事的加工，尽管反角的贪欲层层递进，但其基本结构仍保持"被获—乞归—放生—感报—惩戒"的模式。

3. 渔夫和金鱼的故事

俄国普希金的《渔夫和金鱼的故事》是世界文学中的名篇。故事大意为：从前有个老头和他的老太婆住在海边的小泥棚中。有一天，老头儿打到一条小金鱼，金鱼求渔夫放了他，答应付给贵重的赎金，但老头儿什么也没要，就放了它。老太婆得知后痛骂自己的老头儿，要他去向小金鱼索要东西。她先要一个新木盆，后又要一所木房子，然后又要做"世袭的贵妇人""自由自在的女皇"，这一切实现后仍不满足，最后，她要做"海上的女霸王"，并要让小金鱼亲自侍奉她。小金鱼一摆尾，游进了大海深处，老太婆又回到了破旧的泥棚中。[②]

普希金在这则诗体童话中虽反复渲染了老太婆的贪欲和受惩的结局，但金鱼报恩献宝的内容也随之得到了描述。其基本结构同格林兄弟的童话《渔夫和他的妻子》一样，沿袭了东方民间故事的模式，特别是受到了中国的"金鱼献宝"型故事的影响。

（二）类型

"鱼类献宝"的民间故事在传承和流布中形成了一个庞杂的体系，它们在鱼种、人物、事因、报恩与惩戒的方式，以及法物的应用等方面不尽相同，但都表达了惩恶扬善的主题，有着相近的情节结构，表现为同一模式下的不同具体样式，并呈现出同种异型关系。

我们从上述列举的 11 例故事中，不难看出它们的趋同与相异。如果用表格法对上述故事的各要素分项排列，我们就能对此类故事做出更为直观的总体考察和类型的划分。（表 1）

---

① 详见《格林童话选》，人民文学出版社，1978 年。
② 详见戈宝权译《普希金诗集》，北京出版社，1987 年。

表 1

作品		人物			报善		惩恶		法物	生存空间
名称	出处	鱼种	善者	恶者	事因	方式	事因	方式		
武帝放鱼得珠	《三秦记》	大鱼	武帝		梦鱼祈生，取钩放归	得明珠一双	——	——	——	池
叶限养鱼得报	《酉阳杂俎》	金目鱼	叶限	后母	畜养	得翠纺衣、金履、嫁陀汗王	斫杀鱼而食，贪求财宝	飞石击死，藏珠不见	鱼骨	池
刘成放鱼得钱	《宣室志》	鱼	刘成	李晖	鱼呼佛，悉放归	得缗十五千	——	——	——	江
异鱼以珠相投	《青琐高议》	异鱼	蒋庆	——	畜养放归	赐珠	——	——	——	海
渔夫和仙鱼的故事	湖南民间故事	金鱼	渔夫	——	救落水女	婚配、居海	犯忌	变老翁而死	宝盒	湖
小金鱼的宝箱	藏族民间故事	金鱼	牧羊人	国王	缸养	婚配、始成王	贪色	箱中铁人出而斧杀	宝箱	江
金鱼	维吾尔族民间故事	金鱼	孩子	父	放归	娶公主				河
鲤鱼报恩	达斡尔族民间故事	鲤鱼	孤儿	白音	放归	婚配、换妻、得房屋、财宝	贪色	大水淹死	宝巾	大水
渔夫和雄人鱼的故事	《一千零一夜》	雄人鱼	渔夫	——	放归	赐宝珠，使招为驸马、游海	——	——	——	海
渔夫和他的妻子	《格林童话》	比目鱼	渔夫	妻子	放归	允求赐草棚、宫殿，使其妻做国王、皇帝、教皇	贪婪	收回所赐，使无所获	——	海
渔夫和金鱼的故事	《普希金诗集》	金鱼	老头	老太婆	放归	允求使老太婆得木盆、木房，做贵妇人、女皇	贪婪	收回所赐，使无所获	——	海

从情节着眼，"鱼神献宝"故事可划归两种基本类型：

1. 报恩献宝类

此类包括《武帝放鱼得珠》《刘成放鱼得钱》《异鱼记》《金鱼》《渔夫和雄人鱼的故事》等。它们不涉及惩戒的内容，以放归或畜养为事因，表现感恩相报的主题。根据不同的报恩方式，又可分为"献宝"与"献身"两种型式。前者，使善人得到珠宝、钱财或衣履；后者则使单身的善人得妻室，成驸马。此类故事的基本结构表现为"被获—乞归—放生—报善"的自然排列，而因果关系则成为串联故事结构链的潜在绞结。

2. 报善惩恶类

此类包括《叶限》、《渔夫和仙鱼的故事》、《小金鱼的宝箱》、《鲤鱼报恩》、格林兄弟及普希金的童话等。它们除了包容"献宝"与"献身"的报恩成分，又增加了惩恶的内容。其惩戒的事因有贪财、贪色、犯忌、暴虐等项，其惩治的方式则有"无获"与"毙命"两种。前者是惩治贪婪的手段，如叶限所嫁的陀汗王，不断向鱼骨乞宝，一年后"遂不复应"，且海边所藏宝亦"为海潮所沦"。此外，格林兄弟与普希金的童话亦表现了贪者"无获"之惩。后者的"毙命"，则是对贪色、犯忌与暴虐的惩治，它以"毙命"与"献宝"对照，以倡导扬善惩恶之风。此类故事的情节结构是"报恩献宝"类结构的延伸，即：被获—乞归—放生—报善—惩恶，演示着内容的拓展。

从故事中的鱼类看，它们虽有突出的共性，如能作人语、知恩善报，有罹难获救的经历，但鱼种各异、形态各别。据此亦能作三类之分：一是金鱼，从金目鱼到金身鱼，均以其金质为贵，并用以同献宝之功相连；二是常鱼，包括鲤鱼、比目鱼及其他未加点明的"鱼"或"大鱼"，它们没有特殊的外在形式，但能托梦或作人语，是早期鱼类信仰的复现；三是异鱼，不论是《青琐高议》中的"人面龟身"、"颈下两手如人手"的"异鱼"，还是《一千零一夜》中形似"活人"的"雄人鱼"，都以其形象的怪诞增添故事的神秘成分。

从故事中善、恶角色的关系看，他们并非漠不相关，而是依人伦或利害联结在一起的对立形象，并以恶者来反衬善者道德的崇高，从而在鱼类献宝故事中注入了劝善戒恶的成分。依善恶角色的关系，他们可大致分成四类：一是亲属关系，即夫妇、父子或母女关系，此类从血缘、人伦入手，对比强烈、耐人寻味；二是伙伴关系，如《宣室志》中的刘成与李晖，常一起贩运鱼蟹，情同手足，然善恶不一；三是君臣关系，即百姓与帝王的关系，以百姓的善良与机智对照帝王的贪欲与愚妄；四是主仆关系，以贫者的善良忠厚对照富人的淫欲贪念，亦表达出强烈的审美情感。

从法物的启用看，可分作两类：一类无法物，即鱼类自有献宝、化身的神力，鱼类作人语乞归具有人格的成分，而报善惩恶之能又显示其神格的意义；另一类，有法物，如鱼骨、宝盒、宝箱、宝巾之类，具有巫术的或魔法的意义，其鱼类自身的神力已简约，突出了灵物与法具的作用。

可见，鱼类献宝故事虽因相同的结构而显示"类"的特点，但由于不同故事叙述对象的差异，便有了"型"的划分。其中，有地理流布的因素，也有时代演进的关系，它们因本末源流的区分与影响型再现的实际，而留有深入探究的广袤空间。

（三）探源

鱼类献宝的故事在不同民族与国度间的出现，不是文化的平行型共生现象，而是影响型的播化结果。其源头当在东方，首先是在中国。

从普希金的《渔夫和金鱼的故事》及格林兄弟的《渔夫和他的妻子》两则童话中，不难看到来自阿拉伯和中国的影响，特别是普希金以"金鱼"为描述对象，更表明了与中国文化间的直接联系。其实，有关鱼类献宝的故事在先秦典籍中已见端倪，《尚书·大传》载：

> 吕尚钓于磻溪，得鱼，腹中有玉璜。

这则十三字的故事，有人物、有地点、有事件，虽未言及"报恩"的情感，但开创了渔者获鱼而得宝的主题，奠定了此类故事"获鱼—得宝"的核心结构。至于鱼类报恩与惩戒的故事则是这一基本结构的增繁与延伸，其最早实例也见于中国。

《武帝放鱼得珠》的故事约在汉代已载入古籍，其"乞归—放生—得宝"的结构成为后世同类故事的叙事模式。作为"鱼类献宝"故事的先型，《武帝放鱼得珠》以武帝梦遇的间接描写方式，表现鱼类通灵有性、乞生求归的人化特点。武帝将鱼放归后第三日，在池滨得珠，故事亦未明言此为鱼之赠物，仅以武帝"岂昔鱼之报邪"的自问，暗示放生与得珠的因果联系。这种描写的含混性，人物的单一性，及池鱼种类的未名性，均表明此则故事的创作尚处这一类型的早期阶段。

　　鱼类惩贪的故事在我国也古已有之，最迟在三国时代已见其雏形。据《水经》载：

> 　　武陵佷县长杨谷中有石穴，清泉溃流，三十许步复入穴，即长杨之源也。水中有神鱼，大者二尺，小者一尺，居民钓鱼先陈所须多少，拜而请之，拜讫投钓饵。得鱼过数者，水辄波涌，暴风卒起，树木摧折。[①]

　　《水经》，旧题汉代桑钦所撰，北魏郦道元曾为之作注，故此则故事当产生于魏晋之前。故事中的神鱼以兴风作浪、摧折树木作为对"得鱼过数者"贪欲的惩戒。前述《叶限》中的陀汗王因"贪求"宝玉，逾年，鱼骨遂"不复应"；而《渔夫和他的妻子》中的妻子，《渔夫和金鱼的故事》中的老太婆，也都因贪得无厌而受惩。可见，这一结局是"献宝"情节的延伸，其源头亦可在中国古代文献中探得。

　　在阿拉伯民间文学故事集《一千零一夜》中，《渔夫和雄人鱼的故事》等亦涉及放归、赐宝的情节。但阿拉伯人兴起于公元 7 世纪，与中土的商旅交往主要在唐宋时期，而《三秦记》与《水经》所载的鱼类"献宝"与"惩戒"的故事本出自中国民间，也构成了这一国际性母题的主要源头。

　　普希金以"金鱼"为自己童话的表现对象，也表明其创作受到了中国文化的影响。《酉阳杂俎》以金目鱼为神鱼，而汉、藏、维吾尔等族民间故事中也都有金鱼献宝类故事。"金鱼"出现在中国文献中的历史要早于唐代，梁代任昉（531—557）的《述异记》已将它作为鱼神加以记述：

> 　　关中有金鱼神，周平二年，十旬不雨，遣祭天神，金鱼跃出而雨降。

　　这里的"金鱼神"是应求感报、济人于危难的恩神，它先于作为观赏鱼种的"金鱼"的出现，在文学的叙事中表现为民间信仰的观念。此外，

---

① 引自（明）陈耀文：《天中记》卷五十六。

古人还以"金鱼"为护身的符佩，以寄托得其护佑的祈望。[①] 因此，"金鱼献宝"类故事是这一信仰观的曲折反映，潜留着对其乐施恩惠的感戴，当然亦加进了人化的成分和世俗生活的背景。

作为观赏鱼种的金鱼是物质型中国鱼文化的特产。金鱼是由野生的金鲫等经家化而形成的鱼类品种，我国从宋代起就有掘池畜养者，到明代则风行缸盆赏玩。李时珍的《本草纲目》载：

> 金鱼有鲤、鲫、鳅……独金鲫耐久。前古罕知，自宋始有畜者，今则处处人家玩矣。

金鱼经野生、半家化、池养家化和盆养家化的过程，而形成多种形态和色泽，并成为我国独特的文化艺术品。金鱼（Carassius auratus）在 1502年传入日本，17 世纪末叶传入英国，19 世纪初传入美国。[②] 德国人赫各莫腊透在《金鱼养育法》一书中则指出，中国金鱼传入欧洲的时间可能在1611 年、1691 年或 1728 年，最先传入法国，而后遍及全欧。[③]

普希金的《渔夫和金鱼的故事》写于 1883 年，当时金鱼已传遍欧洲各地，同时，在 18 世纪欧洲曾掀起一股"中国热"，中国的瓷器、漆器受到仿制，中国的园林受到仿造，老庄及孔子的哲学受到尊崇，中国的诗词与文学得到部分的介绍……因此，普希金童话中"金鱼"的出现不是偶然的孤立现象，它反映了欧洲对中国文化的重视，系"中国热"留下的烙痕。由于欧洲和俄国都没有野生的"金鱼"，[④] 所以普希金的这则童话诗的金鱼构想并非取自俄国的民间故事。诗中有关老太婆当上了"贵妇人"的描写，可使我们看到《叶限》故事的影子：

> 他的老太婆站在台阶上，
> 身上穿着名贵的貂皮背心，
> 头上戴着锦绣的帽子，

---

① （宋）谢维新《合璧事类》载："陈尧咨守荆南，每以弓矢为乐。母冯夫人怒杖之，金鱼坠地碎。"

② 张仲葛：《金鱼史话》，《农业考古》1982 年第 1 期。

③ 张绍华：《北京的金鱼》第一章，北京出版社 1981 年版。

④ 张仲葛：《金鱼史话》，《农业考古》1982 年第 1 期。

珍珠挂满了颈项，

手上尽是戒指，

脚上还穿着一双红色的小皮鞋。

老太婆的这些服装与饰件是金鱼所献之宝，与有关叶限"金玑衣食随欲而具"，"衣翠纫上衣，蹑金履"的描写一脉相通。

金鱼最终成为献宝故事的鱼种，是因为"金鱼"与"金玉"谐音，"金鱼满塘"的吉祥图画有"金玉满堂"的象征意义，由此联想到财宝和家室是很自然的。又因为"金鱼其形似美人首"[①]，故而引发金鱼善化美女的联想，甚至最终出现金鱼以"献身"替代"献宝"的情节转移。

鱼类献宝的故事是神话逻辑的派生物，根植于原始思维的沃土。鱼表繁殖，鱼兆丰稔物阜，鱼通灵有性及长生善化的特性，使它领有人类恩主的地位。华夏先民对鱼神的信仰与崇拜伴随着鱼文化的发展而积蓄与流传，甚至在物质形态变更以后，作为精神意象还不断出现于风俗活动和口承文艺之中。因此，"鱼类献宝"的故事具有深厚的文化内蕴，反映着神话因素的积淀和史前文化的孑遗。作为一种文化势能，它具有不断滑动的可能，因此其自身的不断演变和对外的文化传播均在所必然。此类故事叙事结构的隐义应索之于神话象征，正是鱼表物阜的信仰启动了这一故事类型的创造。除了格林兄弟、普希金等作了有意识的模仿和再创，一般民间流传的口头作品则属自然形态的文化成果，可以作为源流考察的可靠对象。

总之，鱼类献宝故事情节结构的恒定性，标明其存在的同源性，它最早出现于中国，隐含着华夏鱼话的意义，它在各民族及域外的先后出现是文化播化的结果，其性质当属影响型的文化再现。

二、和合与双鱼

"和合二仙"是宋以后出现的民间俗神，直到近现代犹受到民间的尊奉。"和合二仙"的形象由来较为复杂，其意义亦颇含混。作为中外文化交流的产物，"和合二仙"中也隐含着鱼文化的因素。

---

①　程良儒：《读书考定》，见《博物志校证》，中华书局1980年版，第127页。

（一）何谓"和合"

民间所祀的"和合二仙"常为"蓬头笑面"的二童子形，其中一人手擎荷花，另一人则手持圆盒，以"荷""盒"二物为其人物的象征符号。

关于"和合二仙"的身份与职掌颇为纷然。唐、宋时称其为"万回哥哥"，并把他当作行神来祀奉。

据明代田汝成《西湖游览志余》卷二三载：

> 宋时，杭城以腊月祀万回哥哥，其像蓬头笑面，身著绿衣，左手擎鼓，右手执棒，云是和合之神。祀之可使人万里外亦能回来，故曰万回。今其祀绝矣。

所谓"万回"者，唐时僧人，俗姓张氏，贞观六年五月五日生，因其能日行万里而得号。《铸鼎余闻》卷四引《酉阳杂俎·贝编篇》云：

> 僧万回，年二十余、貌痴不语。其兄戍辽阳久绝音问，或传其死，其家为作斋，万回忽卷饼茹，大言曰："兄在，我将馈之。"出门如飞，马驰不及，及暮而还，得其兄书，缄封犹湿。计往返一日万里，因号焉。

此外，元人陶宗仪《南村辍耕录》卷十一亦记有"万回哥哥"之事：

> 龙广寒，江西人，移居钱塘，挟预知之术，游湖海间，咸推为异人。或谓专持寂感报耳，秘咒故尔。寂感，即俗所谓"万回哥哥"之师号也。《释氏传灯录》：师姓张，九岁乃能语。兄戍安西，父母遣问询，朝往夕返，以万里而回，号"万回"。

既然有"朝往夕返，以万里而回"之事，那么，被称作"和合"的"万回哥哥"，便具有行神的性质。古时戍边与商旅之家多祀万回，以祈远行的亲人早日平安归来。这一信仰到明代已渐渐消歇，"和合"神的信仰有了新的内蕴。究其主要职掌和风俗应用，计有三种：

其一，"和合"成了财富的象征，"二仙"手中的盒子如同聚宝盆，表示钱财取之不竭。在江苏南通地区流行的纸马中，有一种《聚宝增福财神》，画面上财神端坐中央，左手执如意，右手捏元宝，其两侧分列"和合二仙"（图106）；此外，还有一种《招财和合利市》纸马，画中财神与利市神分立"聚宝盆"两侧，上面则为"和合二仙"。（图107）"财神"司钱财，"利市"司商卖交易，"二仙"与之同图亦表明他们与财富相关。查"二仙"所执之物，一为宝莲，一为宝盒。其中，宝盒用以装金银珠宝，因此把宝盒作为财宝的象征是很自然的事。同时，商旅祀"万回"以祈顺风大吉，也为"和合"与"招财""利市"的联结作了信仰准备。

图106　聚宝增福财神（纸马）

图107　和合如意，利市招财（纸马）

　　其二，"和合"成了夫妇婚合的象征。《周礼·地官·媒氏》疏云："天施地化，阴阳和合。""和合"本有男女、阴阳相和相合的合欢之意，因此旧时婚礼的喜堂上多悬"和合二仙"之图，以取和谐好合之意。因"二仙"相守不离，用以喻指新人比翼齐飞；宝盒在手，如同民间剪纸中的"扣碗"图案一样，在于引发交杯合卺的联想。在民间，"和合二仙"图不仅为婚礼之用，亦成为建筑装饰和居室布置常见的吉祥图饰，寄托着人们对夫妇恩爱、生活美满的追求。

　　其三，"和合"还成为和睦的象征。《三教源流搜神大全》说"万回圣僧，和事老人"，[①]即强调"和合"的"和事"职能。此外，有关寒山、拾

────────

① 见宗力、刘群：《中国民间诸神》，河北人民出版社1986年版。

得二大士被封为"和合二圣"之事，亦包含着对人际和睦的褒美。清人翟灏《通俗编》卷十九云：

> 国朝雍正十一年封天台寒山大士为和圣，拾得大士为合圣。

此举显然与有关"二圣"的传说相关。传说讲：寒山、拾得为亲如兄弟的朋友，寒山稍年长。拾得爱上了一位姑娘，而媒人却将此女与寒山说亲。寒山原不知情，临婚闻知乃悄然出走，来到苏州削发为僧。拾得亦重义，也别女往觅寒山。探得寒山修行处，拾得摘荷前往，寒山拿斋盒出迎，二人相见而舞。此后二人在此开山立庙，曰"寒山寺"。可见，寒山、拾得被封为"和合二圣"，是为了树立"和睦"的榜样，也为了宣扬佛徒的寡欲和亲善。

（二）仙踪说源

"和合"被称作"二仙"，乃事出有典。《镜花缘》第一回云：

> 说话间，四灵大仙过去，只见福、禄、寿、财、喜五位星君，同著木公、老君、彭祖、张仙、月老、刘海蟾、和合二仙，也远远而来。

"和合"在此虽称仙家，然亦自有来踪。

从民间年画和纸马上的"和合二仙"图像看，他们与"万回哥哥"仍有隐约的联系。清人翟灏曾以"万回"与"和合"人物单双的不合指出：

> 今和合以二神并祀，而万回仅一人，不可以当之。[①]

岂不知"二仙"蓬头笑面及手中执物的构图，正因袭了"万回"的形象特征。虽然人数有量变，执物有不同，意义有转易，但在人物的造型特点上仍留下了彼此相联的印痕。

至于寒山、拾得则不是"和合二仙"的原型。"二仙"的童子装束和憨笑的神态充溢着市俗气息，而毫无僧道之味，况且僧人的斋钵无盖，与宝盒有盖的形制相左。因此，所谓的"和合二圣"完全是不足为训的附会之

---

① 《通俗编》卷十九。

说，它甚至未能进入民间的信仰活动，只作为僧庙传说而流传。可以肯定地说，"和合二仙"图要早于寒山、拾得事，后者将入世的民间信仰引向了出世的人为宗教，留有附会与化用的痕迹。

"和合二仙"的形象有着复杂的成因，除了与"万回哥哥"有构图上的联系，还包容着更深层的传统文化的因素，并受到外来文化的明显影响。因此，对其"仙踪"的寻访可从中土搜索到域外，并一直追踪到古代波斯。

古代波斯信奉琐罗亚斯德教，其主神赫尔木兹德（Hormuzd）是创造宇宙、光明和智慧的大神，是该教的最高神祇，而女神阿娜希塔（Anahita）主生殖和丰收，其地位并不次于赫尔木兹德。在萨珊王朝的遗址中见有阿娜希塔神庙，此外，在石雕和银瓶上也常见有她的神像。在德黑兰考古美术馆收藏的一件萨珊朝银瓶上，我们所看到的阿娜希塔形象是：左手执盒，右手执荷，"荷""盒"二物系于一身。（图108）显然，阿娜希塔即"和合"之神。其所执之物与其所司是一致的，均有生殖崇拜的寓意。在"荷""盒"二物中，"盒"为主，"荷"为次，因"盒"作为合欢和财富的象征，其意义明确而完整。因此，在俄罗斯艾尔米塔什博物馆收藏的三件萨珊朝银瓶上，以及在日本天理大学附属参考馆的波斯八曲银洗上，阿娜希塔均持有小盒。[①]

图108 阿娜希塔女神

阿娜希塔神像传入中土的历史亦颇悠久，在北周（公元6世纪）李贤

---

① 见吴焯：《北周李贤墓出土鎏金银壶考》，《文物》1987年第5期。

墓出土的银壶上已见有之。显然，它是沿丝绸之路，随商旅活动而东渐中土的。"万回哥哥"的早期图像今已不见，但从其"左手擎鼓，右手执棒"的描述看，其身份似是沿途兜售的商贩。明正德年间所编修的《姑苏志》卷十三有"渔人以鱼入市，必击鼓卖之"之述，可见明代以前以鼓作市声绝非鲜见。由于"鼓"与"盒"形似，而"棒"与荷柄相仿，且左右手所执亦完全对应，因此把阿娜希塔与"万回"相并相合而生成"和合"形象是可能的。"万回哥哥"当为远行西域的中土商人，至于说他去安西为父母向戍兄问讯之事，则为附会之言。正因为"万回"为商旅之人，"和合"才得以出现在近世《财神》和《利市》的纸马中。

总之，"和合二仙"的人物构图与"万回"的"蓬头笑面"特征相合，而所执的"荷""盒"二物又与波斯女神阿娜希塔手中之物无异，因此，"万回"与阿娜希塔都是追寻"和合"仙踪的重要原型。从一定意义上说，"和合"形象的生成正是他们二者要素的融合。

（三）双鱼与二仙

不论是中土的"万回"，还是波斯的阿娜希塔，都是单身形象，何以化作"和合"却成了一双童子？这是揭破"和合"之谜的难点，需要从深厚的文化背景中去探寻它的成因。

从"和合"的功用去探源是一可靠的路径。

"和合二仙"作为后世表婚合与财富的象征，在一定范围内取代了传统文化中双鱼的象征作用。我们在前章已详细讨论了鱼表生殖繁衍和丰稔物阜的功能，这些功能从原始的鱼文化中就已展现出来，特别是双鱼图与联体鱼，以及与莲花、器皿相配的图饰一直作为夫妇婚合、早得贵子、吉祥如意的纹饰而长传民间。（图 109）在唐代曾出现多形制、多质料的双鱼壶、双鱼瓶、双鱼杯等器用，这些联器主要作为婚娶合卺仪式中的用器而显示其存在意义。（图 110）白居易《家园三绝》中有"何如家酝双鱼榼，雪夜花时长在前"句，鲍照《合欢诗》中则有"饮共连理杯，寝共无缝绸"句。可见，双鱼造型的连理杯及其他双鱼器均为家室之用，且与婚嫁礼俗相关。双鱼器作为婚礼用的神秘联器，多做成联体鱼形或比目鱼形。《鬼谷子·反复篇》曰："其和也，若比目鱼。"因此，比目鱼为"和"，联体鱼为"合"，双鱼器乃具有"和合"的象征意义。

图109　鱼莲人碗图

图110　双鱼壶

　　双鱼不仅表婚合，而且也兆"有余"，民间吉祥图饰中的"年年有余"图或"吉庆有余"图等，均以双鱼为表现的主体。我国上古时就把"鱼丽"作为物多且嘉的吉兆，以后又视之为丰穰的象征。因此，中国鱼文化包容了阿娜希塔的各种神能。阿娜希塔善洒圣水，手中之盒本为盛水之器，其像又附缀在盛水的银壶上，而双鱼壶、双鱼瓶等也均作盛水之用，也有"盒"的用途。阿娜希塔执荷持水，而鱼也善于穿莲戏水，故两者有不少暗合之处。

　　此外，阿拉伯的一则民间故事把鱼、盒与财宝三物相联，对认知"和合"的形变亦有所启迪。

　　《一千零一夜》中的《朱德尔和两个哥哥的故事》讲，萨迈德和朱德尔捧着装鱼的两个盒子念咒语，直念的两鱼在盒中求救，要与他们缔约，答应去开启佘麦尔歹里宝藏。显然，这鱼盒就是宝盒，它与财富相通。它同阿娜希塔之盒、"和合"相类，都有神圣的，或神秘的"招财聚宝"之效，但又以两鱼的存在为前提。

　　"和合"之称与"荷""盒"二物有着必然的关联，"荷"使人联想到鱼穿莲花的生殖隐义，而"盒"又让人联想到鱼盒、鱼瓶与财富、合欢间的关系。因而，从万回、阿娜希塔到"和合"这种由一而二的形象转变，有功能理解中的双鱼作用，以及孤不和、单不合的事理认识。"囍"字在中古以后的出现也基于同样的文化心理。可以说，双鱼器是"和合"成二体的重要诱因，并提供了仿效的先型。

　　从上可知，"和合"与"万回"及阿娜希塔有着外显的形象与构图间的联系，而"和合"与双鱼则存在内隐的功能与意义间的关联。具体地说，万回的"蓬首笑面"及"年二十余，貌痴不语""九岁乃能语"的痴儿形象，成为"和合"蓬首笑童的构图原型；阿娜希塔手持的"荷""盒"两件圣物被移植后，取代了万回的"鼓""棒"等俗品，使"和合"更带上了神仙的灵气，而双鱼的功能则包揽了阿娜希塔主生殖和丰稔的职掌。由于鱼文化在对"荷""盒"等外来物的包融中，保留了其圣物的性质，而改造了其神性与神形，于是双童图以双鱼联器的人化形式显示"和合"的直观意义。总之，"和合"的人物构图取自"万回"的形象特征，其手持的圣物来自波斯阿娜希塔女神的图像，其双体神形受中国联器的诱发，特别是双鱼器成为其效仿的直接诱因与文化先型。

三、鲧与乌鱼

鲧是中国洪水神话中的一位悲剧型英雄，有关他的治水与被殛的事略，在《山海经·海内经》中有所载述：

> 洪水滔天。鲧窃帝之息壤以堙洪水，不待帝命，帝令祝融杀鲧于羽郊。鲧复生禹。帝乃命禹卒布土以定九州。

鲧真的死了吗？有些文献说，鲧并没有真死，在神话的叙说中，他的生命得到了转化和延续。《国语·晋语八》载：

> 昔者鲧违帝命，殛之于羽山，化为黄熊，以入于羽渊。

另，郭璞注《海内经》引《开筮》云：

> 鲧死三年不腐，剖之以吴刀，化为黄龙。

此两例，均以鲧的化生变形来叙说鲧生命的复活，及其形态的变化和生存空间的转换。而《全上古三代秦汉三国六朝文》辑《归藏·启筮》云：

> 鲧殛死，三岁不腐，副之以吴刀，是用出禹。

　　此说以鲧死后犹能生子的情节表现生命的延续，从某种意义上说，它也表明鲧自身的复活。

　　鲧，又写作"鮌"，《正字通》曰："鮌，同鲧。"《楚辞·天问》中有"鸱龟曳衔，鲧何听焉"之问，其实"鮌"比"鲧"更贴近其神话的原形。《说文》曰："鲧，鱼也。"《玉篇》曰："鲧，大鱼也。"而明人陈耀文在《天中记》中将"鮌"释为鲧所化之"玄鱼"：

　　　　鮌鱼，夏鲧治水无功，沉于羽渊，化为玄鱼，大千丈。后遂死，横于河海之间。后圣人以玄鱼为神化之物，以"玄"字合于"鱼"字，为"鮌"字。①

　　按其说，"鲧"为人形神身，而"鮌"为黑色大鱼，它们分别是其生命转化两个阶段的不同称谓。

　　其实，没有如此繁琐，"鮌"，即"鲧"之异体，而"化为玄鱼"②，则是鲧由人形神格回归其鱼形物格。因此，鲧即玄鱼。而玄鱼又是什么呢？它的雅称为"鳢"，俗呼为"乌鱼"或"黑鱼"。

　　此外，鲧还有"白马"的名号。据《山海经·海内经》载：

　　　　黄帝生骆明，骆明生白马，白马是为鲧。

　　这"白马"不是白龙，仍指鱼体，很可能就是"乌鱼"的反义戏称。我国古代有称鱼为马的先例，《古今注》在言及兖州人对各色鲤鱼的称谓时说：

　　　　赤鲤为赤骥，青鲤为青马，黑鲤为黑驹，白鲤为白骐，黄鲤为黄骓。

　　显然，称鱼为马有着鱼为神使乘骑的信仰基础，而非古人的无由谐谑。

---

① 引自（明）陈耀文《天中记》卷五十六。
② 《拾遗记》卷二亦云，鲧"化为玄鱼"。

此外，中国古人名字的"字"，常取"名"的同义词或反义词，故而"白马"就是"玄鱼"的反义雅称，有类似"字"的性质。同时，"白马"的名字是出现在"鲧"的世系交待中的，这种对血统宗法关系的强调已不是原始的自然神话，而带上了现实的社会内容。因此，"白马"之名具有人际称谓的性质。

关于鲧为乌鱼的命题，我们可从鲧的死而复活、息壤建城与北向星感等神话描述中得到进一步认识。

（一）复活

鲧在神话情节中，"死"后"三年不腐"，或化黄熊，或化黄龙，或为玄鱼，而"入于羽渊"。被殛以后的鲧在深水中赢得了不死的转机，用躯体形态的变换而得以"复活"。可见，鲧乃鱼族。这一族记不仅打在它的名称上，也打在它的习性上。我们知道，乌鱼也正是在泥土中保持生命、得水复活的。据《遯园居士鱼品·江东鳢》载：

> 江东，鱼国也。为人所珍，自鲥鱼、刀鲚，河豚外，有鳢。身似鲤而色纯黑，头有七星，俗称乌鱼。其性耐久，埋土中数月不死，得水复活。[1]

此外，《野纪》亦记述了乌鱼的这一特性：

> 此物最耐久不死，如旱涸中干枯经岁，得水复活。[2]

乌鱼"干枯经岁"的耐久之性与鲧的"三年不腐"息息相通，而"得水复活"与"入于羽渊"而化又不谋而合。只不过，前者仅仅是"复活"，而后者发生了形变与转体；前者是对自然生态的记录，而后者则是神话思维的表述。

在古代，人们对乌鱼的生态认识亦不乏虚妄的猜测之言，由于古人对它"耐久不死"特性的困惑，附会了它与蛇相化的解释。

---

[1] 《古今图书集成》博物汇编·禽虫典第一百四十一卷。
[2] 《异鱼图赞笺》卷二。

《尔雅翼》曰："鳢，又名文鱼，与蛇通气，俗呼黑鱼，盖北方之鱼也。"① 又曰："鳢，公蛎蛇所变，然亦有相生者，至难死，犹有蛇性，故令人亦畏焉。"②《埤雅》曰："旧云，鳢是公蛎蛇所化，至难死，犹有蛇性，故或谓之鲣也。"③

上述乌鱼与蛇相生的判断与鲧"化为黄龙"的说法有隐约的联系，把这重联系追溯到鲧父颛顼身上，可看得更为清晰。

郭璞注《山海经》引《世本》云：

> 黄帝生昌意，昌意生颛顼，颛顼生鲧。

《博物志》卷六亦曰：

> 昔彼高阳，是生伯鲧，布土，取帝之息壤，以填洪水。

"高阳"为颛顼之号，王逸注《楚辞·离骚》曰："高阳，颛顼有天下之号也。"可见，颛顼为鲧之父是中国神话谱系中的一条上下相连的世系。关于颛顼的来历与名号，曹植《帝颛顼赞》曰：

> 昌意之子，祖自轩辕，始诛九黎，水德统天，以月为号，风化神宣。

作为"水德统天，以月为号"的颛顼，与鱼、蛇也结有不解之缘。《山海经·大荒西经》曰：

> 有鱼偏枯，名曰鱼妇。颛顼死即复苏。风道北来，天乃大水泉，蛇乃化为鱼，是为鱼妇。颛顼死即复苏。

此言偏枯之鱼遇水复活，它本由蛇所化出，故颛顼凭此而"死即复苏"。文字虽语焉不详，但蛇化、偏枯、遇水复活之鱼，无疑具有乌鱼的

---

① 《异鱼图赞笺》卷二。
② 《古今图书集成》博物汇编·禽虫典第一百四十一卷。
③ 同上。

特性。这同古人对乌鱼的认识是一致的。因此，颛顼与其子鲧一样，他生命的活动也与乌鱼之性联结在一起。

郭璞注《尔雅·释天》"玄枵，虚也；颛顼之虚，虚也"云：

> 虚在正北，北方色黑。枵之言耗，耗亦虚意。颛顼水德，位在北方。

由于"颛顼水德，位在北方"，而乌鱼又为"北方之鱼"，因此它们之间存在着同位对应关系，只是这一关系较为隐晦，但透过"复苏"的情节，仍可略见端倪。在鲧的神话材料中，有关"复活"的描述及其原型的交待，我们可以看到鲧与颛顼的"子承父志"关系，并循此做出"鲧即乌鱼"的判断。

（二）建城

在中国古代神话与传说中，鲧也是一位文化创造英雄，城墙的源起就被说成是"夏鲧"之功。《吕氏春秋·君守篇》曰："夏鲧作城。"《水经注》卷二"河水下也"引《世本》曰："鲧作城。"《淮南子·原道训》则云：

> 夏鲧作三仞之城，诸侯畔之，海外有狡心。

由上述引文可见，"鲧作城"之说在古代甚为流行，反映了它有着深厚的信仰基础。

"鲧作城"之说是鲧窃息壤神话的衍生物。最初的城墙材料用的不是砖、石，而全部为取土版筑而成，其工程之大，取土之多，自不待言。建城的过程自然引发了人们对材料的神秘观念，产生了对土地"掘之益多""长而无穷"的祈盼。[1] 因此，"息壤"在堵挡洪水之后，再次受到古人的关注，并且他们把城墙的建成附会为息壤的神效。由于鲧曾窃有"息壤"，因此，他乃带有土地之神的性质。版筑的城墙靠取土夯实修筑，土是建城的前提，而鲧有"息壤"，于是古人把城墙建成之功就归于鲧的名

---

[1] 《淮南子·墬形训》注云："息土不耗减，掘之益多。"《路史》云："息生之土，长而不穷。"

下，成为一种很自然的幻想。只不过，古籍的著录往往专记恩主，而不言神物，反映了进入有史社会以后，"人主"所具有的至尊地位使原始自然神话的因素淡化，而同时对英雄神、创造神的夸饰增强。这样，在作城神话中，只言鲧、禹，而不及息壤。其实，正是被隐略的"息壤"牵动着神话逻辑的推演，才派生出了"鲧作城"的英雄传说。

"鲧作城"之说与鱼载神话亦有关联。鱼为大地的载地，宇宙的支柱，也成为人工建筑赖以矗立的基础。晋干宝《搜神记》中的"龟化城"传说及唐李冗《独异志》中的"海神崩岸"的传说①，都是鱼类载城崩城信仰的变异形式，或鱼载神话的晚出类型。由于鲧为"大鱼"，"鲧作城"即鱼载城。在古代传说中，鲧由鱼体升为人格，并被附会为文化创造的英雄。

"鲧作城"之说的产生与鲧的原形为乌鱼亦颇有关系。乌鱼常居水底，若遇干涸便藏身土下，经久不死，泥土成了它赖以生存的第二空间。由于泥土是乌鱼的生息之地，因此，乌鱼总是与"息土"或"息壤"相联系。《经籍籑诂》释"息"曰："息者，生也。"又曰："息者，生变之谓也。"②所以，鲧的"息壤"，亦含"生息之壤"之意，指乌鱼居于土下。正因为乌鱼与泥土密不可分，故而鲧在神话与传说中另有"得地之道者"之称。《吕氏春秋·行论》载：

> 尧以天下让舜。鲧为诸侯，怒于尧，曰："得天之道者为帝，得地之道者为三公，今我得地之道，而不以我为三公。"以尧为失论。欲得三公，怒甚猛兽，欲以为乱。比兽之角，能以为城；举其尾，能以为旌。召之不来，仿佯于野以患帝。舜于是殛之于羽山，副之以吴刀。

此则传说故事主要讲鲧争三公之位而被殛，从内容看，当为晚出的异说，不过仍留有颇具价值的线索。文中言及"比兽之角，能以为城"，正是对"鲧作城"的注释，即以头角顶之而为城，如鳌戴神山一般。只是此处为兽角而非鱼头，但点到了鲧有"为城"之功。文中的鲧有关"得地之道"的自诩，同其动物原形所生活的生态环境相关。由于鲧的原形为乌鱼，

---

① 《独异志》卷上载："秦始皇欲观日，乃造石桥海岸。驱使鬼运。始皇曰：'欲见君形，可乎？'海神遂出，谓始皇左右曰：'我形甚丑，勿画我形。'其下有巧者，暗以足画地图之，神怒，海岸遂崩。始皇脱走，仅免死，左右皆陷没焉。"

② 见《经籍籑诂》卷一百二。

乌鱼能居土下，故鲧才能大言不惭地说自己"得地之道"；又由于城墙为土筑就，于是鲧与城墙因土地而结缘。从"鲧作城"的记述去追踪、搜索，我们也能得出鲧即乌鱼的判断。

（三）星感

从鲧的世系看，与星辰间存在着联系与感应的关系。其父颛顼建立了北方的星辰系统，并使子孙掌管着日月星辰的运行。《国语·周语下》载：

> 星与日、辰之位皆在北维，颛顼之所建也，帝喾受之。

此外，《山海经·大荒西经》又曰：
> 颛顼生老童，老童生重及黎；帝令重献上天，令黎邛下地；下地是生噎，处于西极，以行日月星辰之行次。

上述资料虽没有直接言及鲧与北方星系的关系，然鲧为颛顼之子，与星辰间当自有联系。这一联系，我们从鲧妻修已感星吞薏而生禹的神话中略见痕迹。《史记·夏本纪》正义引《帝王纪》云：

> 父鲧妻修已，见流星贯昴，梦接意感，又吞神珠薏苡，胸坼而生禹。

此则星感神话虽从天人感应观念出发夸耀禹的非凡出身，但潜含着"父鲧"与"流星贯昴"间的互代关系。由于鱼为星精兽体的象征，因此，鲧星关系就是鱼星关系，这在神话逻辑中是内涵明确的简单判断。

古文献有关鲧的原形——乌鱼的记述，亦多强调它与星辰的内在联系。《尔雅翼》在阐释乌鱼的雅名"鳢"时指出：

> 鳢鱼，圆长而斑，点有七，点作北斗之象，夜则仰首向北面拱焉。有自然之礼，故从礼。[1]

---

[1] 《古今图书集成》博物汇编·禽虫典第一百四十一卷。

《野纪》曰：

> 乌鱼即鳢，首有七星，夜朝北斗，道家称鳢。[1]

此外，《埤雅》释"鳢"亦云：

> 其首戴星，夜则北向，盖北方之鱼也。

所谓乌鱼头戴星点大约是指它有出气孔，而具北斗之象和乌鱼"夜则北向"之言则为附会之说，有文化推演的成分，并非自然形态的写实。然而，此说却肯定了鱼星间的感应联系，它把鳢鱼的从礼方位定在北方，这同鲧为颛顼子嗣、颛顼建北方星系的神话相合。所谓"有自然之礼"，即在乌鱼"北向"的背后有子尊父位，鲧从颛顼的人伦隐义。因此，我们在"星感"的神话传说中，也能找到鲧与乌鱼的内在联系。

从上述"复活"、"建城"与"星感"的简略讨论，我们可以相信鲧的原形即乌鱼这一判断。不过有关鲧的神话传说，综合着化生、载地与鱼为星精等神话因素，在自然内容简约的同时，楔入了不少社会文化成分。因此，鲧的神话主要不是原始神话，具有显著的晚出的社会性质。不过，鲧与乌鱼关系的揭秘，仍能帮助我们认识中国鱼文化在精神领域的发展，其主要特征是：从单一到综合，从自然到社会，从神话到历史。

四、人鱼与孟姜女

孟姜女的传说在我国可称得上妇孺皆知的优秀民间文学作品，它内蕴丰富，流布广泛，历史久长，在"四大传说"中最受民间注目。孟姜女的传说除在口头上讲传，还被移植成歌谣、说唱、宝卷、戏曲等艺术形式，成为研究民间文艺、民情风俗和传统文化的重要对象，同时其形象特征也部分地融入了鱼文化的因素，成为考察中国鱼文化的又一扇有趣的窗口。

孟姜女形象的部分特征与其情节中落水化鱼的结局，暗示了她与人鱼间的内在联系，反映了中国鱼文化对这一传说的发展有着潜在的影响。人

---

[1] （明）杨慎：《异鱼图赞笺》卷二。

鱼作为形貌特殊的鱼类，自古附会有各种故事和臆说，特别是形似女身的海人鱼多有"美人鱼"的赞誉或"懒妇鱼"的诋毁。我们从古代典籍对人鱼的记述，以及从口头传说对孟姜女的描绘入手，不难看到二者间的微妙联系，从而有助于揭开孟姜女的形象之谜。

（一）人鱼类说

上半身为女人，下半身为鱼尾的"人鱼"的幻想和传说，是一世界性的文化现象。人鱼往往被描写成长发丰乳，细腰白肉，美艳绝伦的海中之物，她们除了能水中嬉戏，还时常上岸，喜欢在航船边和渔村中引逗水手和渔夫们，她们既有姿色，又十分灵巧，能让人着迷，又能为人干活。因此，人鱼常被人们视作"海中仙女""海妖""怪兽"，甚至被说成未知物种和海底文明居民。此外，人鱼还有男身者和山居者的说法。

在欧洲，关于海妖的记载在古希腊的荷马史诗《奥德赛》和柏拉图的宇宙学文章中均有记述。[①]海妖塞壬是三种女妖：两种上半身是女人，下半身是鱼，另一种上半身是女人，下半身是鸟，她们一个吹号角，一个弹竖琴，一个用喉咙唱歌，让男人们听后神志恍惚，昏睡过去，并杀死他们。在古希腊，人们确信海中有"美人鱼"的存在。博物学家普利尼在公元1世纪所著的《自然史》中写道："至于美人鱼，也叫尼厄丽德，这并非难以置信……她们是真实的，只不过身体粗糙，遍体有鳞，甚至像女人的那些部位也有鳞片。"[②]直到中世纪，女身鱼尾的海妖传说仍被不断地重复着，例如，在1206年安得烈·夏斯泰勒抄本上录有菲利普·德塔翁的法文诗句：

> 大海中游弋着海妖，
> 她在飓风中歌唱，
> 在晴空中哭泣，
> 因为这是她的性格。
> 腰部以上，

---

① 《奥德赛》第12卷载女巫喀尔刻对俄底修斯说："你会首先遇见海妖塞壬。她们迷惑所有接近的人。谁要是头脑发热不加防范，去听她们的歌，谁就再也回不了家，妻儿就再不能见到他了：因为海妖用清亮的嗓音迷惑他们，她们坐在草地上，四周堆满白骨，肉都烂光了……"参见 Vic de Donder《海妖的歌》，陈伟丰译，上海人民出版社2004年4月版。

② 转引自马卫平：《"美人鱼"真的存在？》，载《扬子晚报》2002年10月18日C15版。

　　她有女人的形体，

　　隼的爪子

　　和鱼的尾巴。

　　她想表达好心情时

　　就引吭高歌。

　　当航行在大海上的

　　艄公听到她的歌声，

　　会忘记驾船前进

　　并很快昏睡过去。

　　你要好好记住这些，

　　因为这个故事有其寓意。①

有关人身鱼尾的海妖的艺术图像千百年来在欧亚一些地区层出不穷（图
111），有的一手拿镜子，一手拿梳子，形同娼妓；有的夸大地表现其鱼尾
及阴部，以强化其作为淫欲的象征。（图112）与欧洲人把人鱼当作海妖不
同，亚洲的人鱼传说具有较突出的巫术与神话的气息。在苏美尔人的信仰
中，"鱼头神"俄安涅斯是一个头顶鱼头、身披大鱼的肌肉健硕的男性神。
（图113）作为半人半鱼的俄安涅斯所住的宫殿被称作"太阳之家"，据说他
半天在陆地上，半天在大海中，具有太阳的象征意味。无独有偶，月亮每日
因追逐太阳而沉入大海，因此此月神在神话描述中也是半人半鱼的形象。在巴
比伦，有海里的半人半鱼神建国家、造都城、定法律、授人技术的神话。

图111　俎上人鱼

图112　露阴的美人鱼

---

①　引自陈伟丰译：《海妖的歌》，上海人民出版社2004年4月版，第102—103页。

图 113　苏美尔鱼头神

在我国的古籍和文物中，有关"人鱼"的记述与图像并非鲜见，然而各类"人鱼"的形态与生态略有差异，究其类型，可大致分作三种，即：鲵鱼、鲛人和鲮鱼。

鲵鱼，生山溪中，俗称"娃娃鱼"，又称作"鲴"。《本草》云："鲵鱼，鳗鲡，故通作鲴。"此外，鲵鱼还有"鰕""鳢鱼"之称。[①]

在《山海经》中有不少关于"人鱼"的记述。《西山经》"竹山"条载：

> 丹水出焉，东南流注于洛水，其中多水玉，多人鱼。

《北山经》"龙侯之山"条载：

> 又东北二百里，曰龙侯之山，无草木，多金玉。泱泱之水出焉，而东流注于河。其中多人鱼，其状如鳝鱼，四足，其音如婴儿，食之无痴疾。

此外，《中山经》里的"白边之山""傅山""华阳之山""朝歌之山"诸条亦记有"人鱼"。徐广曰："人鱼似鲇而四足，即鲵鱼也。"《酉阳杂俎》

①《尔雅》曰："鲵大者，谓之鰕。"王念孙《广雅疏证》卷十云：鲵鱼，"一名鳢鱼，一名人鱼"。

则言及鲵鱼的形状、生态、食法等：

> 鲵鱼，如鲇，四足长尾，能上树，天旱辄含水上山，以草叶覆身，张口，鸟来饮水，因吸食之，声如小儿。峡中人食之，先缚于树鞭之，身上白汗出如构汁，去此方可食，不尔有毒。[①]

由上可知，人鱼因声如儿啼而获名，在中古时期它已由巫药成为食物。

至于人鱼的图像，则比文献的载录更为久远。早在新石器时期的彩陶上已见有鲵鱼的纹饰。例如，甘肃甘谷西坪出土的庙底沟型仰韶文化彩陶瓶上的鲵鱼纹（图114），甘肃武山出土的马家窑文化彩陶上的鲵鱼纹等，均表明鲵鱼很早就受到我们祖先的注视，并成为文化创造、艺术表现与信仰寄托的对象。在宋代，鲵鱼俑颇为风行，在山西长治及四川蒲江县五星镇等地的宋墓中均有出土，显然，鲵鱼俑寄寓着化生复活的祈望。由于鲵鱼"其音如婴儿"，便称作"人鱼"，又常与"水玉""金玉"相连，才诱发了人、鱼化变和再生复活的幻想，并得以进入古代的葬仪之中。

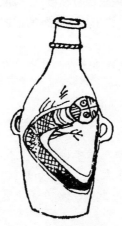

图114　鲵鱼纹彩陶

鲛人，又称鲛鱼，《说文》曰："鲛，海鱼也。"因鲛人居海，又有"海

---

① （唐）段成式：《酉阳杂俎》前集卷之十七。

人鱼"之名。古籍中有关"鲛人"或"海人鱼"的记述亦为数不少，大多伴有化牛的描写或附会其具有人形人性的特征。

晋代干宝《搜神记》卷十二载：

> 南海之外，有鲛人，水居如鱼，不废织绩。其眼泣则能出珠。

这是有关鲛人勤织与献珠的较早记述，这里的鲛人已带上了人化的特点。此外，《太平御览》卷八百三、黄山谷诗《内集》卷三《次韵曾子开舍人游籍田载荷花归》任渊注、《事文类聚·续集》卷二十五并引《博物志》云：

> 鲛人水底居也，俗传从水中出，曾寄寓人家，积日卖绡。绡者，竹孚俞也。鲛人临去，从主人索器，泣而出珠满盘，以与主人。

与"不废织绩""积日卖绡"之说相反，古籍中另有人鱼为厌织的懒妇所化的记述。《酉阳杂俎》前集卷之十七"鳞介篇"记"奔䲙"曰：

> 相传懒妇所化。杀一头得膏三四斛，取之烧灯，照读书、纺绩辄暗，照欢乐之处则明。

周亮工《书影》第三卷引《南越志》《虞衡志》亦言及懒妇化鱼之事：

> 《南越志》：昔有懒妇睡机上，始怒之，遂走投水，化为此兽。一枚可得油三四斛，燃之照纺绩则暗，照歌舞则明。
> 《虞衡志》：懒妇如山猪而小，喜食田禾，以机轴织纴之物挂于田头，则不敢近。然馋灯之说，名"奔䲙"，又鱼也。懒妇三化，水陆呈形，然乎！

"奔䲙"与"鲛人"并非物种差异而有勤懒之分，它们同为"人鱼"，并因"两乳在腹下，雄雌阴阳类人""声如婴儿啼"，[1] 而产生人化与化人的

---

[1] 《酉阳杂俎》前集卷之十七。

传闻，并带上褒贬互见的审美情感。

鲛人，即海人鱼，雅称"儒艮"，因雌鱼形似妇人，《洽闻记》《祖异志》等均言其为"美丽女子"，"能与人奸"，强调其人化的性质。《太平广记》等则记有多例"鲛化男女"的形变故事，渲染了"人鱼"的神秘与怪异。

陵鱼，居海或居陆，是有别于鲲鱼、鲛人的另一类"人鱼"，《山海经·海内北经》载："陵鱼人面，手足，鱼身，在海中。"可见，陵鱼不具人形，仅手足与人相类，虽说居海，但与身似人体的鲛人大相径庭。

陵鱼又作"鲮鱼"。屈原《楚辞·天问》中有"鲮鱼何所"之问，其注曰："鲮，鲤也。有四足，出南方。"[1]此说亦言及鲮鱼有四足的形象特征，但未言明是否类人之手足。此外，《吴都赋》中有"陵鲤若兽"之句，以"兽"称之，可能着眼于它以足行地的特征。

在古代文物中留有不少陵鱼的图像，表明它的传说与构图有着坚实的信仰基础。在殷墟妇好墓中曾有陵鱼形玉鱼出土（图115），在四川宜宾地区的汉代岩画上亦见有陵鱼构图（图116），在江苏铜山县洪楼地区出土的"鱼龙曼衍"汉画像石上，其鱼亦为四足陵鱼形。可见，陵鱼在我国汉代以前已成为宗教与艺术的表现对象，其鱼身兽足的形象在《山海经》中又有"人面、手足"的描述（图117），其蕴意更为复杂。由于陵鱼图纹多与墓葬相联系，无疑，又展露出化生的性质。鱼身兽足，表明它在信仰中有水生与陆居的两栖性能；"人面、手足，鱼身"，则表明它亦鱼，亦人，二者相化相合。陵鱼联系着水、陆二界及人、兽二体，所以能成为转世复活、化生永存的象征。

图115　玉陵鱼

---

① 《经籍籑诂》卷二十五。

图116　岩画上的陵鱼

图117　《山海经》中的陵鱼

总之，鲵鱼、鲛人、陵鱼是三类形态、生态各异的"人鱼"品类。其中鲛人较少实物例证，主要见之于文献，而鲵鱼、陵鱼在文物中则多有发现，且与墓葬制度联系在一起。不过，上述三类"人鱼"，又均有合体或化生的形变共性。

（二）姜女化鱼

明、清以来，孟姜女的传说在我国东南地区得到最广泛的传播，其情节在千里寻夫、哭倒长城、滴血认亲、捡骨归葬之后，又增添了秦皇求娶、姜女施计、投水化鱼等新的链接。从内容方面看，它增添了抗暴复仇、惩恶扬善的思想；从形式方面看，它又借取了传统的化生变形的神话叙事手法。

从孟姜女化变的鱼种看，主要有银鱼、面丈鱼、鲤鱼数种，此外，还有只言及入海化鱼，而未交待鱼种的传说。如此纷纭的说法，反映了我国东南地区多水近海的地理条件和当地物种在民间传说讲传中的各自应用，也反映了孟姜女传说多异文的传承实际。

作为名贵的鱼种，银鱼产于太湖流域，因此，孟姜女化银鱼的传说带上了鲜明的地方特征。在江南吴地流传着孟姜女的皮肉、眼泪或衣裙化作银鱼的各类异文。

流传于江苏省武进县（今常州市武进区）太滆地区的传说讲，孟姜女哭倒长城后，秦始皇见她容貌俊美，想娶她为妃，她装作答允，却另有盘算，当她随始皇乘船来到太滆湖时，愤然投水。始皇命官兵用铁丝做网，捞起姜女的尸体，绞烂她的皮肉，并抛进湖中，谁知那些绞烂的肉丝丝却变成了一条条洁白的银鱼。①

流传于江苏吴县（今苏州市吴中区、相城区）的孟姜女传说讲：哭倒

---

① 常州民研会编：《常州地区孟姜女故事歌谣资料集》。

长城后，秦始皇见孟姜女漂亮，硬要她做自己的妃子。孟姜女将计就计，要秦始皇在河边搭祭台，穿孝衣，并率领文武百官来祭亡夫范喜良。吊祭那天，孟姜女在祭台上泪如雨下，眼泪落到台下河里，慢慢地变成了一条条、一簇簇白嫩似玉的小鱼在水中向东南方向泗去，一直游到太湖里。这种鱼就被人们叫做"银鱼"。[①] 此外，此地还流传着这样的歌谣：

> 孟姜女过关睏兴贤桥，
> 蚊子发善心不叮咬；
> 眼泪水滴到河里头，
> 孵出仔银鱼一条条。[②]

流传于江苏无锡太湖边的传说讲，孟姜女要秦始皇为亡夫搭起三十里长的孝棚，自己则穿上白衣白裙日夜大哭，直哭得天昏地暗，直哭得太湖水涨。一时间，秦始皇惊惶失措，孟姜女趁机纵身跳入了太湖，化作了万千条雪白的小鱼。这些小鱼都是孟姜女的白衣白裙变的，所以，它们一条条洁白无瑕，柔软如带，人们就叫它们为"银鱼"。[③]

在上海市川沙县（今浦东新区）流传的名为《孟姜女殉夫》的故事则讲，孟姜女跳海殉夫后，关官十分恼怒，便令人用竹丝扫帚把孟姜女的肉划成一条条的肉丝，由于她一身洁白，因此这条条肉丝就变成了洁白透明的面丈鱼。[④]

面丈鱼在苏南又称作"面条鱼"或"银条鱼"，甚至也有称它为"美人鱼"的。实际上，"面条鱼"是银鱼系列中的一个品种，学名为"长吻银鱼"，俗名则称作"大银鱼"。孟姜女化银鱼的传说在江南一带流传甚广，因此，所化之鱼的名称甚多，有关传说的叙事结构不均一样，流传着一些彼此相类的异文。

孟姜女传说广泛流布于大江南北，在苏北地区也有孟姜女化身为鱼的传说和戏曲，然所化鱼种多被说成是鲤鱼。例如，淮调《孟姜女》的唱词有：

---

① 无锡市文学工作者协会编：《江苏地区孟姜女传说和歌谣》（资料本）。
② 见上海民研会编：《孟姜女资料选集》第 2 集。
③ 见陶思炎编：《润土集·孟姜女研究专号》。
④ 上海民研会编：《孟姜女资料选集》第 2 集。

可恨秦始皇，逼奴入宫墙。
奴以三件事，诋辱他昏王。
百日将夫祭，向浪桥人终。
鲤鱼奴幻变，一对配成双。①

流传在江苏宝应县的孟姜女歌谣也唱道：

鲤鱼就是奴家变，细眼红尾苗条身。
世人对我多珍重，捧上案桌敬神灵。
孟姜万郎成双对，一对鲤鱼跳龙门。②

此外，各地还有一些孟姜女跳海化鱼的传说，有的只说她的去处是入海或前往龙宫，而未提她化作鱼类之事，这在民间流传的一些讲经宝卷中最为多见。例如，《佛说贞烈贤孝孟姜女长城宝卷》云：

孟姜女，叫："主公，岸上久等，
把我夫，送入水，与主同行。"
只说话，心观水，望海一跳，
来无踪，去无影，凡圣相同。
……

孟姜女，和范郎，同会大海，
轸水引，壁水鱼，迳往龙宫，
拜罢了，海龙王，同受快乐，
也无生，也无死，永远长生。③

这里，姜女和范郎会于大海，同往龙宫，是对传说中化鱼情节的改造，但其最后归宿仍为水界，透露出姜女跳海后获取了鱼类之性，至少表明她作为水族或水神而转化到另一特殊空间。

① 上海民研会编：《孟姜女资料选集》第 1 集。
② 同上。
③ 出自康熙金陵荣盛堂刻本，见路工：《孟姜女万里寻夫集》。

总之，姜女化鱼是孟姜女传说的重要情节，它作为姜女与秦皇矛盾的结局具有惩恶扬善、褒美贤孝的意义，同时变形化生手法的袭用，又使它提高了文化探究的价值。

（三）形象揭秘

透过孟姜女化鱼的情节描述，我们能够察知传说的这一构想与对人鱼的认识有着内在的关联。对孟姜女传说的这一构思和叙事结构，如果我们做顺向的和逆向的考察，就会发现：孟姜女的形象有着明显的从人鱼化出的痕迹。特别是传说中的"海人鱼"，在白肉、居海、善织、多泪、授珠等方面与孟姜女的形象息息相通，当为后者创作的原型，至少是孟姜女化鱼情节得以产生的基础。

在传说中，孟姜女是细皮白肉的绝代佳人，连秦始皇见了也垂涎欲滴。在"花园裸浴"的场景中，有对孟姜女"细皮白肉"的渲染；在"姜女身世"的传说中，有说她是天上"玉女"下凡；而各种化作银鱼的异文，也都众口一词地强调孟姜女肉白如银的丽质。至于古人眼中的"海人鱼"，也正是被描绘成"皮肉白如玉鳞"。据《洽闻记》载：

> 海人鱼，东海之大者，长五六尺，状如人，眉目、口鼻、手氏头皆为美丽女子，无不俱足。皮肉白如玉鳞。有细毛，五色轻软，长一二寸。发如马尾，长五六尺。[1]

可见，海人鱼以皮肉白丽，早就获取了"美丽女子"之誉。这一夸赞之说为孟姜女跳海化鱼提供了创作依据。苏南一带所谓孟姜女入水化银鱼者，这"银鱼"实际上就是指"人鱼"。在一些方言中，"人""银"的发音相同，并因音近而讹。正是由于"人""银"二字的音混而在传说中发生了义转和形变，导致了海人鱼向淡水的银鱼变转，终使银鱼也成了"美丽女子"的象征，成了孟姜女的化身之物。

银鱼与孟姜女除了仅有"白肉"这一表面的共性外，二者在本质上并无直接的联系，而海人鱼或"鲛人"则不然，它们的习性与能耐在传说中与孟姜女有着诸多的相通。

---

[1]　引自《天中记》卷五十六。

在流传孟姜女跳湖或跳江化作银鱼的东南地域，同时也流传着不少跳大海、往龙宫的异说，它以"入水化鱼"的相同情节与手法，表现出空间的差异与托物的不同。从传说中的人物配置看，范喜良与秦始皇也都有化鱼归海之说，而入河归湖的银鱼之化唯有小孟姜女一身。有传说讲，范郎死而复活，与孟姜女"同会大海"，而秦始皇后来也在海中幻化成鱼。[①] 这种"归海化变"的传说与鲛人居海绝非简单的偶合。我们再考察孟姜女与鲛人的形象与行为的联系，更能加深这一认识。

神话故事中的"鲛人"，"不废织绩"，"积日卖绡"，不仅勤劳，而且工巧。自唐以来，"鲛绡"手绢屡入诗词，成为珍贵的馈赠或淑女们手中的表情之物。鲛人神话由信仰转成风俗的时限不会晚于唐代，从唐彦谦《无题》诗中的"云色鲛绡拭泪颜"句可知，鲛绡为素洁的手绢，在唐时已为淑女们所喜用。因此，可以断定，鲛人的神话故事要早于孟姜女的化鱼传说。

孟姜女同鲛人一样亦善织善绣，《春调孟姜女》唱道：

> 孟姜女针线生活无人比，
> 一霎时寒衣寒裤都缝起，
> 夹里上头把荷花绣，
> 并蒂花开暖心意。[②]

有的传说还讲，因孟姜女善织善绣，擅做寒衣，后被天帝召进太阴宫，专为天下儿女织制寒衣。可见，孟姜女的善织巧绣与鲛人的"不废织绩"间有着某种共通的关系。

此外，善哭多泪也是孟姜女形象的重要特征。她的哭，能在迷途时引来乌鸦为之领路；她的哭，能让本想非礼的关官为她放行；她的哭，能倾倒长城八百里，寻得尸骨。孟姜女的哭既是弱女子痛楚悲切的写照，也是获取神佑、唤起神功的法术手段。在贵州龙里县羊场流传的《孟姜女哭夫君》歌谣描述了孟姜女哭的神功：

---

① 《酉阳杂俎》前集卷十七载："东海渔人近获鱼，长五六尺，肠胃成胡鹿刀槊之状，或号秦王鱼。"

② 《民间文艺季刊》1986 年第 4 期。

　　哭得龙王纷正乱，哭得鳌鱼把身翻。
　　哭得伤亡遍山吼，哭得孤魂四处哼。
　　哭得百鸟齐排翅，哭得万里长城崩。

　　孟姜女非但"一哭天地惊"①，其泉涌之泪如同宝物亦有幻化的神力。《春调孟姜女》就强调了她眼泪的特殊作用：

　　眼泪落到太湖里，
　　变成小鱼白如银，
　　顿时银鱼满太湖，
　　太湖银鱼出了名。

　　鲛人亦是"善哭"的"美丽女子"，"其眼泣则能出珠"，即泪有化珠的神效。鲛人泣珠出于脱身的无奈，往往为允主人之索而为，实际上是一种自保的或祈佑的行为。孟姜女之哭与泪化银鱼，更是一种不得已的自救手段。因此，善哭多泪的特征和因泪脱身的效果把孟姜女与"人鱼"又不无缘故地纠合在一起。

　　鲛人泣珠之说在唐代以前已见记述，《博物志》载之，连唐诗中也有提及。元稹《长庆集》十七《送岭南崔侍御》诗中有"蛟老多为妖妇女，舶来多卖假珠玑"之句，其"蛟"当为"鲛"，即指鲛人献珠之事。有趣的是，在孟姜女的传说中也有姜女授珠的说法：范喜良被抓去造长城，行前孟姜女曾送他一颗珠子，让他放在口中就能不渴不饿……②这一插曲无疑是对鲛人泣珠的附会，也暗示了孟姜女的海人鱼身份。在中国神话传说中，宝珠除了鲛人泣出，也能由巨鲸之睛所化，此外，还有龙王所有、龙宫珍藏之说等，均言其与大海相关。因此，孟姜女的形象与人鱼特征的联系，主要是反映了海人鱼的文化因素在传说中的化用。

　　人鱼与孟姜女的关联，除了两形象特征的诸多相近外，也由于人鱼与秦始皇在葬仪中的勾连所诱发。我们在《史记·秦始皇纪》中能见到这样的记载：

---

① （清）陶澍《嘉山怀古》诗云："觅路不可识，一哭天地惊。风云惨无声，鳌柱为摧倾。"
② 上海民研会编：《孟姜女资料选集》第2集。

九月，葬始皇骊山，……以人鱼膏为烛，度不灭者久之。

始皇陵中以鱼烛为长明灯，既取其久燃不灭之效，又寄托化生复活之功，这同原始社会即已出现的鱼葬之制有潜在的功能上的承传关系。文献中人鱼与秦始皇的联结，及传说中人鱼与孟姜女特征的相通，使人鱼作为又一中介联系着孟姜女与秦始皇，并成为始皇求娶、姜女施计、投水化鱼等情节形成的诱发因素。人鱼的楔入，不仅丰富了孟姜女传说的情节，也使其抗暴的主题更其突出。如果说，长城与始皇、姜女的联系决定了传说的历史内容与社会意义，那么，人鱼与始皇、姜女的联系则反映了传说的信仰基础与文化背景，并部分保留了神话的因素和原始宗教的成分。

由于人鱼的楔入，孟姜女传说也自然纳入了中国鱼文化的研究领域，并同样揭示出这一文化从单一到综合，从自然到社会，从神话到历史的不断运动与发展。

（四）人鱼传说的诱因

孟姜女与人鱼的联系让我们想到古今中外种种的人鱼传说和异说见闻，使我们不得不加以思考人鱼传说产生的表面诱因和深层根由。

数千年来，有关人鱼的传说与图像可谓层出不穷，蔚为大观。难道山海中真的存在人身鱼尾的物种？她们为何大多被描绘成丰乳白肉的美人？她们是自然的实录，还是艺术的创造？在科学昌明的当代，为何有关发现人鱼的消息还时常见诸报端？……

人鱼的传说和传闻绝非简单的自然再现和口头创作现象，而有其诱发的直接因素和深层根由。

就人鱼传说产生的直接因素讲，以下四点不容忽视：

其一，幻觉。水手们在苍茫的大海中劈风斩浪地日夜航行，在劳顿与恍惚中偶见儒艮、海牛、海豹一类的哺乳动物伫立浪间，貌若妇人，于是产生了人身鱼尾的"美人鱼"真实存在的幻觉。

其二，寂寞。长期在海上漂泊的年轻水手们，都因远离女人而忍受着性饥渴。他们的目光只能注视着大海，当长有一对乳房的儒艮类动物露出水面时，唤起了寂寞的水手们的性憧憬，而性幻想的驰骋则留下了美妙的故事。

其三，不明物种的存在。海洋是生物的大千世界，我们对深海中的物种知之甚少，不排除在儒艮、海牛之外，另有似人非人的物类。不过，这一判断仅是假说，尚需发现来验证。

其四，伪造。有关"人鱼"的伪造，包括嘴上胡说的假新闻，也包括人工制作的假标本。他们或为哗众取宠，或为骗取钱财。在日本、荷兰、意大利、加拿大等国家的寺庙、博物馆或民艺店，都有"人鱼"标本的收藏，基本都是拼合缝制而成的。（图118）但这些人鱼标本的收藏与陈列，无疑为人鱼传说推波助澜，似乎给人鱼的传说与信仰提供了实证材料，扩大了人鱼的传播空间。

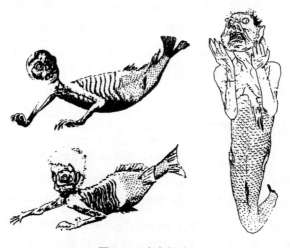

图 118　人鱼标本

至于人鱼传说形成的深层根由，亦有如下四点值得一提：

第一，人类始终怀有与自然抱合同一的愿望。人鱼传说的创作，正是为了消解和冲淡人与自然的对立关系，释放难以找到与现实沟通的内心苦闷，不论恩怨几何，即使付出代价，人类都要探求这一高远的目标。

第二，神话思维的遗存。自古以来，有关神、灵、鬼、妖的虚构，以及它们同人类既相离异，又相交通的幻想与信仰，成为人类精神生活的一个部分。人鱼传说部分保留着神话哲学和巫术宗教的成分，作为精神产品，表现了人类对自身与外物的哲学概括。

第三，艺术激情的显现。人鱼传说主要以口头文学、志怪笔记、绘画创作、雕塑作品等为载体而广为流布，并以陆与海、人与妖、现实与幻想、群体意识与个人风格的统一而产生艺术的感染力。人鱼的记述和描摹从来不是严肃的纪实，而是艺术激情与艺术想象的展现。

第四，探索自然与历史奥秘的兴致。人类具有永无止境的求知欲望，了解自身、了解自然、了解宇宙，穷天下之理，破万世之谜，上下求索，死而不已。人鱼传说反映出人类特有的苦苦求索和永不懈怠的兴致。因此，在人鱼虚妄的描绘中，有人类执着的追求和真实的情感。

正是上述表面的与深层的因素存在，"美人鱼"的传说今后仍将是人们津津乐道的话题，并不断出现在艺术作品和文化活动中，出现在新闻媒体上，甚至出现在学术著述中。作为人们热衷追寻、表现与探究的对象，人鱼实已成为长盛不衰的、神秘而富有情趣的文化符号。

第五章　盛衰演进

　　文化是特定社会的行为模式，作为人类的创造，它适应着一定的自然与社会条件，同时又制约着人类的活动。文化又大多是整合的，一切文化要素和特点往往在交流互动中相互适应并和谐一致。文化的适应和整合就意味着文化的不断变迁。[①]"文化变迁"乃是一切文化都必然遵循的发展规律。中国鱼文化也不例外，它随社会历史的演进而发生的形态与结构的变化，载体与功能的转移及价值观念的更易，都表现为文化的变迁，并因此呈现出盛衰互见的发展曲线。考察其演进轨迹，探讨其变迁之因，不仅是中国鱼文化史的研究课题，也是认识中国传统文化的一个不可忽略的方面。

一、演进轨迹

　　中国鱼文化的变迁常由其内涵、载体和功能的演进而显现。

　　内涵是文化的主核，它包括内容与结构等重要因素，并赖以构成文化的基本形态。内涵的演进是中国鱼文化变迁的主要参数，其繁稀强弱的数量与力度的变化，其表现层面的开拓与转移，在一定程度上可作为中国鱼文化盛衰的标量。

　　我们分析中国鱼文化在原始时期、上古时期、中古时期及近古以降四期中的基本形态，可察知其演化的历程。

　　原始时期包括旧石器时代和新石器时代，这是中国鱼文化的萌勃期。中国鱼文化发轫于旧石器时代的山顶洞人阶段，最初是以饰品的形态出现

---

　　① 见〔美〕C.恩伯、M.恩伯:《文化的变异——现代文化人类学通论》第二章，辽宁人民出版社，1988年。

的（考古学提供的实证如此），其萌生过程体现了劳动对象、食物来源与精神观念的环合锁连，其中的意识成分既是物质存在的派生物，又是文化创造的新的推力。

到了新石器时代的仰韶文化、河姆渡文化阶段，鱼文化已摆脱了发萌时的形态单一、内容朦胧和结构环合的性质，分解为物质型文化、精神型文化和制度型文化，渔具、鱼物、鱼信、鱼俗大量涌现，形成了中国鱼文化发展史上的第一个高峰。

中国鱼文化的勃兴标志可归纳为五个方面：第一，从文化形态看，人类可观察的三种基本文化形态已经生成，并各具体系，虽相互交叉，而又并行不悖；第二，从文化地位看，就仰韶文化而言，鱼文化曾在当时社会的诸文化中几乎具有超越一切的主导地位，特别是半坡时期出现的大量鱼图、鱼物，留下了捕鱼、食鱼、信鱼、拜鱼的鱼文化社会的信息；第三，从文化分布看，此期鱼文化有较广的流布地域，在黄河流域、长江流域等地形成了不期而然的多点交叉互映的局面；第四，从文化手段看，已由鱼骨的穿凿和涂饰发展到彩绘、刻画、雕凿、陶塑、研磨等，几乎一切新的手工技术都投向了鱼文化的创造；第五，从文化母题看，连体鱼、变体鱼、人鱼图、鱼鸟图、异鱼图、鱼物图等成为我国鱼图的传统，并在不同的情境下发挥着复杂的功能作用。总之，新石器时期是我国鱼文化急剧演进的蓬勃时期，其成就标志着中国鱼文化正步向成熟。

上古时期，指商周到秦汉这一历史阶段，此期是中国鱼文化的衍生期。此期的鱼文化继承了萌勃期所开创的传统，在鱼物、鱼图、鱼事、鱼信等方面不断开拓，使鱼文化的形态、类型、载体、领域等得到了持续的衍化与推展。

衍生期的鱼文化可大略划归三个阶段。

商周时期是鱼文化衍生期的第一阶段，从整体上看，此时鱼文化虽不及新石器时期内涵丰富、地位突出，但仍有重要的发展。铜鼎、铜盘等青铜礼器和餐具上出现了鱼形铭文和鱼饰；玉鱼、蚌鱼大量见之于墓葬，几乎成为必备的随葬物品；玉鱼饭含开始出现，表现出与半坡人的人面鱼纹陶画及大溪人的含鱼葬俗间的信仰联系；玉鱼刻刀的制作又与大汶口的獐牙器有功能上的呼应关系……此期鱼文化的突出特点是：在传承中演进和出新，并具有强烈的礼俗化倾向。这一特点使商周时期的鱼文化在中国鱼文化史上仍带有高涨的性质。

　　春秋战国时期是中国鱼文化衍生期的第二阶段。此期由于诸侯分封和相互攻伐，鱼文化在商周时期起始的制度化进程减缓，不仅彩陶器皿早已湮灭，就是青铜礼器和玉石鱼雕也数量锐减，商周以金石为主要载体的传承方式被打乱，但鱼文化因素仍见于漆器、兵器、军阵、帛画、玩具等领域，同时鱼占活动也十分活跃。从内容、结构、载体等角度看，这一阶段没有较为集中的突出的鱼物与鱼事，从整体上说，鱼文化虽有一定面上的展开，但已呈相对的衰减趋势。

　　秦汉时期是中国鱼文化衍生期的第三阶段。此时鱼文化又以金石为主要载体，其表现领域也较为广阔，在瓦当、铜洗、铜熨、铜壶、铜案、铜鼓、木雕、帛画、灯具、壁画、岩画、画像砖石、乐器（錞于）、散乐百戏（鱼龙曼衍）等方面都见有鱼文化的因素。特别是画像石中的鱼图，形式多样、内涵丰富，数量众多，而历时久远。从发展分期看，此时主要以量的积累和面的展开而归于衍化期，但从盛衰强弱的线性函变看，此期又呈上升趋势，构成中国鱼文化的又一个高峰。

　　中古时期，即隋唐、五代到宋辽这一历史阶段，此期为中国鱼文化的新盛期。此期既部分恢复了上古的文物制度，又注入了外来的文化因素，鱼文化的发展进入了新的高峰期。于是在朝礼国律、婚丧习俗、金银饰件、鱼钥骨器、建筑构件等方面，鱼纹又大量复出。其中尤以唐代为盛。此时的人首鱼身墓俑、双鱼瓶等鱼物的风行体现了传统的复兴；摩羯纹鸥吻、银盘、铜镜、灯盏等的新出，则留下了中外文化交流与融合的实证。由于此期的鱼文化在物质、制度、精神等领域的全面恢宏，故在鱼文化的传承与演进中又起着承前启后的作用。

　　近古已降，即元、明、清及至近现代，是中国鱼文化的迁化期。此期经历了两度游牧民族的统治，再加上制度的更迭、物质文明的不断发展、社会文化的不断进步、外来因素日甚一日的东渐等，传统的鱼文化逐渐失却了原先的发展情境，发生了趋向的变迁。中国鱼文化开始摆脱文物制度的旧轨，转向民间的大众生活，在新的层面上继续展开，并同其他的文化形式继续发生勾连与并合。一方面，迁化期的鱼文化挟带着传统的因素，使其得到新的应用；另一方面，它在变迁中也获取了发展的机遇，在新的阶段与层次上继续创造。此期中国鱼文化转入了民间，它在庶民生活中得到了最为广泛的应用，并构成中国乡土文化中的活跃因素。拿表现领域来说，在瓷器、织绣、砖雕、建筑装饰、家具图样、文具、玩具、剪纸、刻纸、印染、纸马、年画、地画、灯盏、歌舞、故事、歌谣、传说等有形与无形的民俗文化空间中都能见到鱼文化的因素。近古以降，鱼文化虽有在文物制度方面的弱化与衰减，然而在民间文化领域却得到更大的传承与重新聚合的机遇。迁化只是鱼文化在形态与领域方面的转化，而非归于寂灭，迁化本身就是其文化因子不灭的印证。

载体是文化的传承手段，作为符号系统，它构成人类文化习得的必要媒介。载体的演进决定着中国鱼文化传承机制的调整，并在一定范围内促进或限制其文化自身的传习，导致传统的承继与衰亡。

从考古学提供的实证看，鱼骨是中国鱼文化最早的载体。山顶洞人的鱼骨饰串，虽是原始人类对自然物件最初的简单加工，但它载承着旧石器时代人类的文化行为、功利动因、技术手段及符号形态等重要信息，成为认识中国鱼文化在自身发轫期的地位与价值的重要实据。

在新石器时代，中国鱼文化的传承系统才真正建立和完善起来，载体对文化传统的保持与重建作用也随之而变得明朗。此期中国鱼文化的载体摆脱了对自然物的简单利用，演进为复杂的人工造物，出现了像彩陶这样的实用型器物。彩陶经制坯、彩绘、焙烧等多道工序而成，其本身就是卓越的文化创造，其形制、色彩、纹饰、用途、制法等都具有突出的传习性。仰韶文化彩陶上各种写实与写意的鱼图，大量的网星纹、水网纹、水星纹等纹饰的出现以及鱼形器物的制作，[①]都表明了彩陶具有作为鱼文化载体的性质。彩陶制品多为生活器皿，数量大而用途广，故获有较多的传习情境，也较易形成族属传统。裴文中先生曾根据体质人类学的研究指出，制作彩陶的人类是中华民族的"先型"。[②]这里可以补充说，由彩陶承载的鱼图，也称得上华夏族鱼文化的"先型"，因为许多母题或原型正是由此发轫而传承千古的。彩陶是原始文化的最高代表，具有较大的文化势能，因此，彩陶鱼图在中国鱼文化传统中留下了深长的投影。

玉石是中国鱼文化在衍生期的重要载体，它在原始时代就已出现，到商、周才进入鼎盛时期。在红山文化与良渚文化遗址中虽见有石鱼与玉鱼

---

① 《考古与文物》1984 年第 4 期。
② 裴文中:《中国石器时代》，中国青年出版社 1964 年，第 48 页。

出土，然当时尚未成为一种持久的、普遍的文化现象，只是在商、周时期玉鱼才具有礼器的性质，并构成"玉殓葬"的一种重要形式。玉鱼的兴盛表现出中国鱼文化传承机制的调整，即表现为源起于河姆渡、良渚的玉璜、玉玦等器物在西渐过程中同其他文化因素的不断融合。东南部的玉器、玉葬与西北部的鱼图、鱼葬东西互流，会冲、交融于中原地区，于是玉鱼成了玉葬与鱼葬混成的传承符号。从殷墟妇好墓出土的大量玉鱼、小玉鱼、玉石刻刀、玉鱼耳勺（图119）、佩鱼尾饰带的玉人等文物看，玉鱼在葬礼中的作用绝不亚于形巨体重的青铜礼器。玉鱼的神使作用与玉器通神的巫术认识相联，[1]而护神作用又与鱼葬的化生信仰相通。因此，玉鱼虽小，却体现着我国东西部文化传统的有效整合。

图 119　玉鱼耳勺

青铜器是中国鱼文化的另一个重要载体。它从三代及至西汉，凡一千九百余年，鱼纹作为青铜器上的铭文和图饰，在商代中晚期尤为多见。青铜器的纹饰较为庞杂，鱼形图案仅为其一，它不像商周玉鱼被迭加应用，也不像半坡彩陶在鱼纹构图上形式多变。青铜器作为鱼文化的载体，迎来了金石并用的时代，表现了鱼文化对技术进步与文化开拓的适应。鱼纹进入青铜礼器还增添了其自身的制度文化的属性，它把民间习俗与朝廷仪礼相勾连，使其在阶级社会中获取了上下逢源的传承机遇。

砖石是中国鱼文化在衍生期的又一个重要载体，大量的汉画像石、画像砖使先秦金、石载传的简单鱼图有了更为丰富的发展，不论在构图上，还是在功能上，都趋向复杂。它摆脱了鱼图作为器物纹饰的图样地位及单个圆雕、同类群集式的应用，第一次以独立成幅的复杂形式表现鱼信与鱼事。事实上，材料只是艺术加工的对象和传导功能的载体，它的文化价值已超越了它原先的实用价值。

金银及其工艺制品、瓷器等，是鱼文化在新盛期的重要载体；而迁化

---

① （宋）曾慥《高斋漫录》曰："李宾王，番阳人，躬行君子人也。又善相。尝云，郭林宗作玉管神通。"可见，玉器为巫术的法具。

期除了沿袭传统，在瓷画方面继续发展外，还以布帛（织绣、印染、蜡染）、纸张（剪纸、纸马、年画）等为传承材料。每一新载体的出现，都给鱼文化的发展带来了新的活力，但鱼文化也在其载体的不断调整中发生显隐不定的化变，包括传统因素的衰退与复归。

功能是文化需要的反映，是人类借助工具和风俗所得到的一种直接或间接的满足。功能的演进是中国鱼文化盛衰的重要动因，作为其存亡生灭的命脉，决定着一切鱼物与鱼俗的实际价值和存在意义。

在原始社会中，鱼文化以图腾崇拜、生殖信仰和物阜祈盼为主，围绕"两种生产"而发挥组织、教化与改造的功能作用。进入阶级社会以后，随着社会实践范围的扩大及创造主体的分化，中国鱼文化经历了宗教化、制度化、哲学化与艺术化的重建，文化内涵日趋复杂，认识、整合、选择、向心、满足等功能作用在社会的物质生活、精神生活与仪礼制度中又显示出来。它们或先后，或共时，或单一，或纠合，以不同的鱼图、鱼物、鱼信、鱼俗、鱼事服务于社会主体，并由此展现其存在意义。就整个鱼文化的功能说，有简繁曲直的发展；就具体类型说，则有强弱盛衰的变化，而功能的变化正是鱼文化演进的前提。

中国鱼文化在历代墓葬中留下了难以尽数的踪迹，循此可探得功能演进的信息。

半坡人以人面鱼纹盆覆盖瓮棺，大溪人含生鱼而葬，它们均与图腾崇拜相关。三代的玉鱼、蚌鱼及春秋战国的铜鱼从葬，具有引导亡灵的神使功能；而汉代墓葬画像石的连行图，霍去病墓前的石鱼雕等，则具有辟邪消灾的护神作用。历代墓葬中的鸟鱼图、双鱼图，表阴阳相转相合，寄托善化长生、繁衍不息的信仰观念。唐、五代、宋的人首鱼身俑，则被赋予了死即复苏、上下于天的神功……其中，含鱼葬俗在进入文明社会后早已敛迹，玉鱼、铜鱼从葬在汉初也趋于消歇，"连行图"在魏晋时亡而未兴，墓前石鱼也在汉后悄然匿迹，人首鱼身俑则复兴于唐，而湮没于宋。宋以后，丧葬重阴阳而轻明器，鱼的神使、辟邪、化生等作用被时辰、地形、方位等神秘时空观所取代，缘物寄情的复苏转世观让位于护佑子孙的风水说，鱼文化的因素伴随着这一过程而急剧衰减。由于在信仰中生者的"吉凶"决定着死者的归宿，故而佑生重于安死，"事死如事生"被转易为"事死为事生"。由于生者是丧葬活动的中心和主体，死者只作为葬仪的对象和客体，因此，生死异路、安死佑生便渐渐演变为葬仪的真正主题。这样，在丧葬艺术中除鱼鸟图在明代略有所见外，其他鱼的图像和文化因素大多伴随着堪舆之术的兴盛而走向了衰微。

再从神秘的获鱼之术看，巫术手段也经历了宗教化、道德化的演变。

以木石之鱼诱取真鱼，是古代渔事中常见的巫术手段。《论衡·乱龙篇》曰：

> 钓者以木为鱼，丹漆其身，近水流而击之，起水动作。鱼以为真，并来聚会。

鄂温克、鄂伦春人也以松木雕作雌雄二鱼以保获鱼之利，而西伯利亚通古斯人则以石鱼诱鱼入网。诱鱼之术在古代中国也有一些异说。例如，"以猢狲毛置网四角，则多得鱼"[1]之论，着眼于鱼有相感之性，其用乃非实验性的巫术手段。至于"书符掷水中"，大鱼群至，"使人取食之"，[2]则表现为仙道之术对鱼文化的渗透。此外，王祥卧冰求鱼、王延叩凌而哭致鱼出等[3]，是巫术观向孝感观的转化，表现为鱼文化的某些成分所经历的社会道德化的结果。这一变化使获鱼的手段演化为伦理道德的说教，"孝子图"之类得以楔入中国鱼文化之中，甚至在近现代这一符号犹略有所见（图120）。

图120　王祥卧冰（剪纸）

① 事出《偃曝谈余》，见《古今图书集成》博物汇编·禽虫典第一百三十七卷。
② 《太平广记》卷第四百六十六"葛玄"。
③ 《古今图书集成》博物汇编·禽虫典第一百三十五卷。

二、变迁之因

农耕技术的发展和渔农经济的确立是中国鱼文化变迁的物质与社会动因，反映出社会存在与社会实践对文化形态的直接制约。

早在新石器时代，原始农耕已开始向定居农业阶段性转化，[①]并在一些主要文化遗址开始形成谷作区与稻作区。例如，黄河流域的磁山文化、仰韶文化、大汶口文化等遗址是种粟的谷作区，长江流域的河姆渡文化、马家浜文化、崧泽文化、良渚文化、大溪文化、屈家岭文化等遗址是植禾的稻作区。随着原始农耕向定居农业的发展，渔猎生产在社会生产领域的地位逐步下降，但仍旧是当时社会食物需求的重要补充手段和经济方式。人口的急剧增长，[②]天然食物的危机，使农业成了社会生产中最有希望的一个领域，并因此得到了持久的开发。农业型文化兴起了，形成了渔农经济与渔农文化相适应的新格局。当然，物质生产与精神生产的发展往往是不平衡的，在定居农业阶段，就精神文化而言，仍留有渔猎阶段的文化成分，在某些文化遗址甚至还占据过主导的地位。例如，在半坡遗址，丰厚的谷物窖藏与大量的彩陶鱼图并存就不是奇怪的现象。随着青铜器、铁器的先后出现，农业因工具的改良、技术的进步和农业型国家的建立而不断发展，观念形态也随着新的社会实践领域的开拓而变化：土地观取代了鱼水观，对三光四时的重视取代了对鱼图、鱼物的虔信。社会实践重心的转移使鱼文化必不可免地从总体上发生了异动。新石器时代以后，即定居农业普遍确立之后，中国鱼文化就已开始其明显的变迁历程。此时图腾意识已经淡化，网鱼纹、水网纹、网星纹从器物装饰上消隐，同时鱼图、鱼物随之而带上了礼俗化的性质。

农耕的发展唤起了重土亲地的情感，土地因"能吐生百谷"，而被尊为"五行之主"。[③]《白虎通》则称它为"元气所生，万物之祖也"[④]。此外，

---

① 定居农业阶段的特点，包括：出现定居的房屋遗址、主要种植粮食作物、制作和使用陶器等。参见孔令平：《关于农耕起源的几个问题》，《农业考古》1986 年第 1 期。

② 据推测，旧石器时代末期地球上人口总数不到三百万，中石器时代已有一千万，而新石器时代则多达五千多万。参见《世界上古史纲》上册，人民出版社 1979 年版。

③ 《春秋繁露·五行对》，见《经籍籑诂》卷三十七。

④ 《初学记》卷第五"地理上"。

还有称地为"易"，言其"养万物怀任，交易变化，含吐应节，故其立字"者。① 土地既为"万物之主"，又能"交易变化"，且独处五方之中，故使鱼文化部分转化为它的附庸。于是鱼兆丰稔，鱼占水旱，向鱼乞雨，鱼表"有余"等鱼信、鱼俗观念与活动，均打上了农业型社会的印记。

日月星辰的位移、春夏秋冬的嬗递与农作物的种植收藏关系最为密切，其可靠程度也远胜过别的自然物候，因而农事性岁时活动得到发展，并成为中国民间风俗中的荦荦大者。至于鱼物、鱼俗只在信仰、婚丧、游乐诸领域略见存留，失却了原先在社会生产中的主导地位，转向了生活层面的拓展。

农耕的发展有对采集、渔猎等先期文化因素的继承与改造，也有新的文化创造。生殖观念、人口观念、血亲观念、土地观念、乡土观念等在农业型社会得到了最显著的发展，而鱼物、鱼事的象征作用不少因远离现时情境而客观地受到越来越多的制约。因此，中国鱼文化在农业型社会既有被吸收与承继的部分，也有变迁、弱化和衰亡的部分。总的说来，这一变化促使中国鱼文化不断适应新的社会发展，并同农耕社会的文化及其他后起的文化形态逐步趋向融和。

龙的冲击是中国鱼文化变迁的信仰动因，龙对鱼的取代导致了信仰重心的位移，并造成龙鱼之间尊卑互映的文化情态。

龙进入文化领域无疑较鱼为晚，在新石器时代才略有所见。不论是"猪龙"，还是"马龙"，其图像均作了变形夸张，而不是实有生物的再现。可以肯定地说，龙的原形不是作为食物而受到初民的注视，而是作为观念形态的象征、信仰的对象而被创用。因此，可以判断，龙的虚拟性决定了其文化历史渊源没有作为"第二种食物资源"的鱼类来得深厚。

鱼类是自然之物，也是最早的需要经过加工的人工食物，它对初民生产领域的开拓、劳动工具的发明、智力的开启与艺术创作的推动，甚至对巫术与原始宗教的发展，都毫无疑问地具有十分重大的意义。鱼类对人类进化与文化发萌的作用不是孤立的，在龙图、龙信寥若晨星之秋，鱼图、鱼信早就在中华大地上形成了诸点辉映的文化气候。鱼图有写实与写意的多种表现，而龙图从一开始几乎就没有写实过。由于龙原形的含混，以及

_____

① 《艺文类聚》卷六。

其构图的非写生性，其后便易于受到不断的改造与增饰。可以说，从原始龙到夔龙、应龙、黄龙的化变，绝不是图腾团族兼并的结果，不仅后出的多类合体之龙不是图腾，商周的夔龙不是图腾，就是原始时期的玉龙也不能简单地作为图腾的实证，因为尚缺少人类学等学科其他方面的补证材料。只能说，原始玉龙的原形可能与某一动物崇拜和图腾信仰相联系，但它形态的后世演变与图腾物已无干系。

　　鱼无论经写实或写意的表现，都是人们熟知的实有之物，而原始之龙或有原型，未必纯属虚构，然形象含混、怪诞，其几番演变并非出于生物的进化，而是作为艺术想象与审美夸饰的结果。龙到黄龙阶段完全虚拟化了，而虚拟、怪诞的形象往往更易唤起神秘的情感，因此，龙获得了较大的信仰空间和受尊崇的地位。鱼、龙同为水生的性质，又使它们能随创造主体的情感而转易、滑动。当龙被尊封为帝王之"种"以后，这一信仰的位移就更其加快，龙最终攫取了鱼的历史地位，并形成了龙尊鱼卑和鱼龙混杂的局面。

　　在信仰观念中，鱼、龙均为水生之物，都能行天降雨，它们同为乞雨的对象和引导人、魂升迁腾达的神物。鱼、龙因其水生，在传说中又同为佐助大禹治水的重要帮手，表观出两物功能的趋同。鱼、龙作为多子之物，都是古代民间乞子的拜物；鱼、龙在民间传说与故事中都能献宝于世，化变男女，知恩善报。鱼、龙又同为民间游乐的对象，鱼灯、龙灯互映，鱼龙曼衍同场……然而，龙因帝王化而日趋贵显，甚至设庙祭奉，并尊为众鱼之长。"龙尊鱼卑"的人为划定，派生出鱼龙幻化、鱼跳龙门的图像与传说。中古以后，作为吉祥图饰，"鱼跳龙门"成了民间剪纸、刺绣、染织、年画等民俗物品中最常见的题材之一，且长传至今。（图121）此外，佛教传入中土又带来"龙王"之说[1]，《妙法莲华经》曰"龙王有八"，《华严经》则称"大十龙王"[2]，唐以来又有了"四海龙王"之说[3]，它们管辖着江河湖海等一切水系，还掌管着大地的丰歉，因此龙王受到古人的敬畏和膜拜，龙王庙渐遍及城乡。随着龙的帝王化，鱼退居陪衬地位，鱼形的河伯不复是水界的主宰。在人为宗教对自然宗教的取代过程中，逐步加大了龙对鱼

---

　　① （宋）赵彦卫《云麓漫钞》曰："古祭水神曰河伯。自释氏书传入，中土有龙王之说，而河伯无闻矣。"

　　② 宗力等：《中国民间诸神》，河北人民出版社1986年版，第377页。

　　③ 同上书，第380页。

的文化冲击力。

图121　鱼跳龙门（剪纸）

　　龙、鱼的尊卑之分是阶级社会的产物，在佛教传入之前它们已有地位的区分。《礼记·礼运》在言及"四灵"时，将鱼龙相提并论道："龙以为畜，故鱼鲔不淰。"此言鱼受龙佑，龙为鱼长。《说文》解龙属之"蛟"曰：

　　　　池鱼满三千六百，蛟来为之长，能率鱼而飞。

　　此言龙尊鱼卑，龙为鱼超升化变的恩长。在文献、实物、习俗与口头文学中都展现着鱼龙混杂、尊卑互映的文化情状，反映着龙在阶级社会兴盛后的强大冲击力及鱼文化因素的化变与转移。"鱼龙化"现象，就结构而言，是中国鱼文化开放性的显现，但就价值而论，则是其文化地位的下降。龙盛鱼衰的过程演示着文化主体信仰重心的位移，而龙的冲击正是从观念形态上制约了鱼文化的自由发展，迫使中国鱼文化不断向下层社会渗透，并逐步远离制度而转向了民间生活。

　　俗信化的趋势是对中国鱼文化神秘性的淡化，社会实践与认知范围的扩大、民族融合与文化交流的拓展，以及人为宗教与自然宗教的相互借取，加速了鱼文化由神圣向世俗的演进。

　　除了农耕生产的发展和龙的文化冲击，中古以后的俗信化进程是中国鱼文化变迁的又一个重要动因。长期社会实践所积累的知识冲破了某些臆说奇谈，并将早期有关鱼的神秘观念融化进日常风俗之中。例如，鱼的药用价值的发现，破除了其作为巫药的神秘观念，在《本草拾遗》《本草纲目》等著作中记下了一些鱼的药用与附方，使鱼药与有实效的民间医术联系在一起；鱼的通灵辟邪之性逐渐受到漠视，大门的木质门闩不再制为鱼钥，除夕年夜饭上的全鱼保留亦不再取守夜辟祟之意，而俗作"年年有余"的谐音理解；三月三日拟鱼戏水的祓禊求子信仰，也演化为走桥近水的妇女活动；求雨祈禳的巫术行为渐变为鱼灯、鱼舞一类的游乐习俗；鱼的神使作用被淡化，宋元以后墓葬中几乎废弃了用以导魂的"仪鱼"之制[①]，但生者交往中"鱼书""鱼素""鱼函"之用则相沿成俗；鱼星间化变互代的象征意义悄然消失，鲸鱼与彗星相联相克的信仰观也杳无声息，但对魁星神君的拜祭却随明清科举之兴而演成风俗，于是与鱼纹相联的魁星图在砖雕、剪纸、纸马等艺术图像中多有所见……

　　宋以后，民族文化交流更其拓广，这一方面给鱼文化输入了新的元素，另一方面也形成了对传统鱼文化形态的制约。特别是元、清两代的少数民族统治对中原鱼文化的某些传统有所废弃，以致原本在制度文化中存在过的鱼文化因素已极为鲜见，仅在佩饰、器用、餐具、玩具、年画等方面有所保留与发展。同时，一些民族文化融合的现象变得明显起来。例如，明代以鲥鱼鳞制为女人花钿[②]，就是民族文化融合的结果。它与契丹妇人以牛鱼膘制为鱼形以饰面[③]，满人及其先祖金人以鱼骨为饰件等均有所联系。隋唐以前，中原就有男佩鱼饰，女戴鱼簪之俗，而宋代出现了"鱼媚子"，明代出现了鲥鱼鳞，均以自然物取代人工物，呈现出一种"文化返祖"现象。究其诱因，乃民族融合与文化相染。这一过程虽给鱼文化以新的样式，但也导致部分传统随变迁而衰亡。

　　外来文化也对中国鱼文化的传统产生冲击，导致其形态的变化和功能的转易。其中，来自印度的摩羯纹最为突出。摩羯神话在公元4世纪末传入中土，在隋代始见之于实物，并主要在建筑脊饰、餐具、灯具等方面见于应用。（图122）就脊饰而言，它取代了"鸱尾"之制，以"蚩吻"之形而沿用至明、清之后。摩羯本为"吞啖一切"的海中大鱼，也是印度神话中的河神。唐代慧琳《一切经音义》卷四一曰：

---

　　① 《大汉原陵秘葬经·盟器神煞篇》载："棺东安仪鱼，长二尺三寸。"见《永乐大典》卷八一九九。仪鱼之用，当为玉鱼、蚌鱼、铜鱼及人首鱼身俑导魂化生信仰的承袭与演化。

　　② 《古今图书集成》博物汇编·禽虫典第一百四十三卷。

　　③ 《古今图书集成》博物汇编·禽虫典第一百四十四卷。

图 122　摩羯形瓷灯

> 摩羯者，梵语也。海中大鱼，吞啖一切。

在伯格拉姆贵霜时期的象牙饰板和唐代的银碗上，均有摩羯逐鱼纹，表现其吞啖之性。[①]摩羯本无辟火之意，但与中国鱼文化碰撞合体后，取代了鱼尾之鸱和更为远古的凤鸟，以其兽头、獠牙、飞翅之形而附会了辟邪的神能。由此中国脊饰的传统发生了形变，甚至令时人所莫名。宋人黄朝英《靖康湘素杂记》引《倦游杂录》曰：

> 自唐以来，寺观殿宇，尚有飞鱼形，尾上指者，不知何时易名鸱吻，状亦不类鱼尾。

可见，当时脊饰形制的发展和意义的转换都显得比较突然。

此外，佛寺中的观世音踏鳌之像，源于鱼为大地载体的宇宙神话，着眼于鱼为天地、人神、生死交通的乘骑性质。寺庙中木鱼的悬置，用以督警僧众诵经礼佛，不舍昼夜，其形制虽有直曲之变，然都化用了鱼能永不瞑目、辟邪守夜的功能意义。双鱼同法轮、宝伞、法螺、宝盖、莲花、宝瓶、盘长等被合称为"佛教八宝"，双鱼的再生繁衍之性被佛教借取，以表达化生轮回的寓意。还有，佛教的因果报应观也附会于鱼的传说故事之中。例如《宣室志》中的"刘成"，他听到舫中鱼呼"阿弥陀佛"，便尽放之，为此受人辱责，后草中得缗十五千，均为鱼所偿还。[②]这是对鱼的有灵善感、能与人神互通之性的夸张，并演绎为放生得财的佛教因果报应之说。

---

① 岑蕊：《摩羯纹考略》，《文物》1983 年第 10 期。

② （唐）张读：《宣室志》卷之四。

　　道家及道教对鱼文化因素的吸取更为明显，太极图中的"阴阳鱼"就是对原始鱼图的化用。在新石器时代的屈家岭文化遗址出土的彩陶"纺轮"上，就有多种"阴阳鱼"的构图：有一阴一阳图，也有两阴两阳图；有阴大阳小图，亦有阴阳等体图。其中，一阴一阳的等体图，就形式而言，与太极图中的"阴阳鱼"已无甚差异。（图123）所谓"纺轮"，可能是陶制网坠或网坠的模仿，其图饰本具有交感的巫术作用，在渔猎中以求对鱼的招引和多获。太极图因此而演示了"一阴一阳之谓道"的哲学观，把可见之象、成形之器上升为抽象之理。道教以八卦为法物，八卦以阴阳鱼为内核，它被道徒和民间赋予了镇怪驱祟之功，常用作镇宅护身的禳镇物。此外，在仙道传说中既有乘鲤化仙之说，亦有灵符招鱼之事，[①] 均表现出道教对鱼文化因素的吸取与借用。

图 123　屈家岭文化遗址太极图

　　被佛、道等人为宗教所化用的鱼文化因素，以变易的形式继续传承。由于"佛法无边""道化万物"的宗教宣传，再加上封建统治阶级的倡导，人为宗教思想逐步排挤并压倒了自发的民间信仰，成为社会信仰的主导，使鱼信、鱼物或化入人为宗教，或转向民间风俗，或趋向消亡。随着鱼文化神秘性的总体淡化，其中的信仰文化成分及属性在近代以来已经大大地减弱了。

　　总之，农耕的发展，龙的冲击，社会实践范围的扩大、民族融合与文化交流的拓展，以及人为宗教的兴盛等，使中国鱼文化在适应与整合中不断变迁。随着其他文化因素的楔入、文化情境的变化、文化功能的转易，中国鱼文化的形式与内容受到越来越多的限制，并不可避免地远离自己原初的应用传统，告别昔日的繁盛，在新的民间生活中求得传承与发展。中国鱼文化的这一演进历程符合自然的辩证法，也符合历史的辩证法。

----

　　①　事出《神仙传》，见《太平广记》卷第四百六十六。

第六章　因子不灭

任何文化都因内应力或外应力的作用而不断变迁，其观念、结构、功能和价值也必然随之而时时调整，然而只要它所依附的特定社会①没有消亡，其文化创造的主体依然存在而功能需求没有丢弃，其文化因子也就不会灭绝。尽管文化的某些观念会有所改变，文化的结构会加以重建，功能作用的方向会略有转易，评判的价值会有益损，但它仍然会作为一种民族符号而长期存在，其文化因子会因保护意识和实际需求而重新聚合。中国鱼文化正是这样，其现实遗存表现了文化传统的长效性，而其因子的重新聚合则表现了文化变迁中的再生性。据此，我们能对中国鱼文化的历史价值与未来地位做出理性的判断，并引向对其运动规律的思考。

一、现实遗存

中国鱼文化经历了数万年的变化发展，其间社会由氏族制经奴隶制、封建制而发展到社会主义初级阶段，生产工具则由粗糙的石器发展到机械、电子和原子能，伴随着这一过程，文化背景与载承手段一直处于改造和更新的不断运动之中。然而，鱼文化的踪迹在我国现代生活中仍旧触目即是，鱼作为丰稔喜庆之兆、民间俗信遗风、游乐玩赏对象、器物装饰图案和吉祥和谐象征，步入了当代文化生活诸多领域。

鱼表现丰稔喜庆的功能是渔农经济的命定，它已在物质、精神及社群文化的长期实践中潜化为民族的意识、旨趣和风格，体现为外化的文化惯性和内隐的传统机制。

---

① 美国人类学家恩伯夫妇认为："特定社会指的是生活于一个特定疆域之内操同一种为邻近民族所听不懂的语言的居民。"见《文化的变异》，辽宁人民出版社，1988年，第49页。

作为文化材料，鱼表现丰稔喜庆的象征在岁时风俗中尤为突出，并依附民间年画、挂笺、剪纸等载体，至今长盛不衰。在民间年画和剪纸中有人伴鱼图（图124）、娃娃抱鱼倚莲图（图125）、娃娃骑鱼图、鱼穿莲花图、双鱼爆竹图等吉祥图案，以寓"年年有余"等吉祥取意。此外，另有击磬举鱼儿戏图、鱼瓶插戟图等，以寓"吉庆有余"。在民间挂笺中，除了主题图案，还配有背饰和点题的吉语，图文互映，一色大红，其丰稔喜庆的气氛十分浓烈。笔者曾在江苏农村搜集到标有"吉庆有余""年年有余""丰收有余""鱼跃龙门"等文字题额的鱼图挂笺多幅，其图饰有鱼串莲花纹型、鱼散钱籽型、鱼穗合体型等，表现出鱼的祈穰庆丰功能的长效性。

图124　人伴鱼图　　　　图125　娃娃抱鱼倚莲图

至于吃鱼之俗也与丰稔喜庆的追求相联系。除夕年夜饭席上的大鱼不得下箸是各地皆有的风俗。湖南湘潭地区农民则只吃鱼身，留下头尾，以表"年年有余"；东南一带除夕年夜饭上的整鱼不得下筷，要放在供桌上陪主人守岁迎年。

鱼兆丰稔，鱼表喜庆作为一种心理定势和审美情趣，构成了文化结构中的重要环节，并形成了文化传统。一方面它跳脱不出文化变异的规律，另一方面又制约着创造主体的自由选择，顺逆互冲，锁连成结，在现实生活中传承、应用。且不说中国画、水粉画、版画中的农村题材，以及晚近的农民画创作，它们都以鱼表丰稔、富足，就是20世纪80年代以来的节日舞台、电视荧屏也常以大幅的双鱼图、鱼穗图、鱼棉图等渲染丰收欢乐的气氛和新年的吉祥喜庆场景，并由此沿袭农业型社会的传统旨趣和民族风格。

鱼的俗信遗存反映了鱼文化传统的稳定性和渐进性，由神圣到世俗、由宗教到风习是一种复杂的文化变迁现象，其中包含着对传统的毁弃和承继。鱼为图腾的观念、鱼为神使的信仰、鱼为星精兽体的神话观等，如今已隐没或淡化，然而在饮食、配饰、祭祀等方面则遗风犹存。

拿吃鱼的俗信说，北方人把鱼头对着客人为礼遇，南方人则视为不吉。例如，扬州人吃鱼一般头东尾西，客坐北向南，以鱼横陈对客为祥。陕西洛川人的新婚妇女在端午节需同娘家人同吃先蒸熟再炕干的鱼馍，儿童还要把鱼馍佩挂在胸前，[①] 这里的鱼作为信仰中的护神，赋予了驱邪辟毒的神功。南京人有儿童禁食鱼籽的禁忌，因"籽""字"音近，又因籽出鱼腹，而"鱼腹藏书"，故有"小儿食籽不识字"之说。

拿配饰说，古有鱼簪、玉鱼之佩，今有面鱼、蓝印花布鱼、木雕鱼的挂件，还有鱼鞋头、鱼鞋垫、鱼纹窗帘等，均取鱼有镇护辟邪之功。此外，今街头货摊上出售的金属片所制的鱼型钥匙挂圈等，也属于鱼佩的变体形式。

拿交际与祭祀说，苏北有访亲送鱼之礼，陕西有中秋互赠鱼糕之俗，晋南在清明娘家要给出嫁的女儿专送一对面鱼，俗称"剌女"。此外，在江苏、山东、陕西一些地方，人们以面鱼祭祖祀先。至于还用生鱼敬神，用活鱼放生，在偏远地区亦未绝迹。

鱼的游乐赏玩的满足功能表现着文化创造主体的选择意向，作为人性自由发展的一个领域，它最能超越社会历史的局限，而不断获取新的发展。

观鱼与养鱼是一项重要的游乐活动，古人称之为"鱼趣"，今人亦不逊古人。拿金鱼来说，我国的饲养史已近一千年，品种极为纷繁，仅扬州市现有品种就达一百多种。[②] 江南人家多缸畜盆养，园林池沼也常见满畜群鱼，鱼为"城市山林"增色不少，甚或构成景区景名而声震遐迩，如杭州西湖的"花港观鱼"、福建周宁县的"鲤鱼溪"、黄山天都峰的"鲫鱼背"等，即是。

---

① 王宁宇、党荣华：《陕西民间莲族艺术内涵初探》，见《中国民间美术研究》，贵州美术出版社，1987 年。

② 《扬州风物志》，江苏人民出版社 1980 年版，第 117 页。

现在能见到的鱼形玩具也为数不少，有鱼形风筝、鱼形提灯、鱼图印模、双鱼石哨、鱼形泥玩，等等。

有关鱼的游戏与歌舞更是逗趣谐乐的民间活动。如每年正月十五元宵节的"玩花船"便是一例。花船又叫"鱼船"，长七尺左右，高六尺光景，用竹篾扎成鲤鱼状，外糊彩纸，并绘鱼头、鱼鳞、鱼尾。鱼背正中开一方口，四角立有四根彩棍以支撑船顶华盖，"船娘子"立其中。一条"鱼船"需十数人同时表演，其中有敲锣鼓的、有船娘子、有三花脸、有打莲湘棍的。船娘子多由男子装扮，浓妆艳抹，整个表演过程中有歌有舞，并伴有插科打诨，十分逗趣。[①]此外，民间还有许多"鱼趣型"游戏歌，如流传于江苏宜兴地区的《鱼做亲》之类，也妙趣横生。歌曰：

> 东洋大海闹哄哄，
> 花花媳妇嫁老公。
> 青鱼鲤鱼来做媒，
> 嫁给我金鱼小相公。
>
> 蛤蜊壳壳做衣箱，
> 田螺壳壳当马桶。
> 两只乌龟来抬轿，
> 两只黄鳝当轿杠。
>
> 鳊鱼鲫鱼作陪宾，
> 河豚鱼来点灯笼。
> 龙虾婆婆帮烧火，
> 浑身烧得绯绯红。
>
> 甲鱼背上摆喜酒，
> 蟹壳当着板凳用。
> 银鱼当作象牙筷，
> 螺丝壳壳当酒盅。

---

① 吴守恒：《玩花船》，《乡土》1989 年第 3 期。

乌龟大嘴吃菜凶，
十碗吃到九碗空。
鲶滑郎气得噘着嘴，
两条胡须翘松松。

虎鱼生的人忠厚，
吃未吃到心口痛。
鳑条鱼来请郎中，
找到一条小昂公。

急病碰到慢郎中，
三针一打送了终。
银鱼全家来戴孝，
鳑鲏鱼哭到眼睛红。
这样的亲事就算完，
原来还是一场空。①

上述歌谣中已没有一丁点儿鱼信的成分，全为诙谐逗乐之句，表现出文化主体选择意向由崇敬向满足的嬗变。

鱼作为器物装饰的图案，显示其在现代生活中的应用价值和现存意义，并构成鱼文化得以继承发展的又一个领域。

鱼为器物的装饰图案并非今人的创造，它远在原始社会时期就已风行，只是在当代又见其袭用和创新。不过，其信仰因素早已衰减，而实用与审美的追求成为其再创的基础。在器皿方面，鱼纹仍然是碗盏、盘碟、脸盆、茶杯等常见的装饰图饰。在文具方面，鱼砚、鱼形铅笔刀、鱼形钢笔套等，具有适用与赏玩的双重功效。在织绣、印染物方面，鱼纹在被面、褥单、浴巾、窗帘、荷包、香袋、挎包、壁挂乃至服饰上几乎随处可见。此外，

① 见《江苏民间文学集成资料选辑》（二）。

在当今市面上，还有石膏人鱼雕塑、鱼形瓷玩与料器、鱼型瓶塞扳子、鱼型花瓶、鱼形烟缸等，甚至还有雕为游鱼堆纹的烟嘴，以及美人鱼的城市雕塑等物。

二、重新聚合

中国鱼文化就其整个发展历史而言，自宋以后制度型鱼文化已趋向衰微，其形态与应用逐渐转向了民间，转向了市井和乡村的民俗生活。因此，局部衰微并不意味着整体的消亡，鱼文化因子仍具有转换空间、重新聚合的活力。文化因子既是传统构成的内在要素，也能经创造主体的能动活动或别种文化的强力冲击而导致其结构调整，从而带来重新聚合的契机。鱼文化在因子的重新聚合中，具有内合与外化的双重选择。从鱼文化的历史与现状看，这一重新聚合的过程有着现实性、可能性与必然性的基础。

其现实性已为大量的文化史迹所证实，并呈现出交流型、融合型和再生型三足鼎立、并存共荣的局面。

所谓"交流型"，即属于中外文化交流的产物，它表现为中国鱼文化因素对一些舶来品的渗透、改造与化合。例如，著名的圆明园海晏堂，俗称"西洋楼"，具有巴洛克式的建筑风格，其兽头喷泉后的露台栏板望柱头有显眼的双鱼雕塑，从而使"西洋景"中犹存"中国情"，成为中国鱼文化因子楔入"罗马风"的成功案例。目前，在一些公园、广场，甚至政府大楼前都修建了人造喷泉，砌喷泉是西洋人用以造园的常用手段。有趣的是，时下国内一些喷泉的喷水口做成了金鱼形，或做成了鲤鱼形，从而带上了中国鱼文化的符号，也体现了鱼文化因子对外来之物的包容。此外，烟草亦是舶来品，烟具当然也一并来自域外。然而，除了在抽吸纸烟的烟嘴上见有鱼形堆纹外，水烟袋的铜皮上也常有鱼藻纹或鱼跳龙门图的刻画。记得笔者幼时在一同学家集体温课，一位吸食水烟的老先生给我们出了这样一道谜语："外国开来一只船，里面有水外面干。'嘟嘟'轮动行道远，雾海前头有神仙。"谜底所打的器物，正是他手中的水烟袋。可见，水烟这一舶来品因中国鱼图的附缀，也打上了中国鱼文化的印记。

所谓"融合型"，即在中华大地上各民族间的文化互补与融合在鱼物、鱼俗等层面上的体现。例如，吉林永吉县满人正月初一至十五耍鱼灯，村人合围而舞，与汉族地区的鱼龙灯会当有联系。再如，傣人善绣鱼形镜挂，傣幡塔图下也往往绘有大鱼，与汉族鱼兆祥瑞，鱼为载体的观念一脉相通。此外，苗族的刺绣、蜡染、剪纸，土家族的刺绣，藏族的建筑装饰等，都有鱼图。有的与女娲一日七十化的神话母题有关，有的借鱼龙幻化表达升腾之意，有的以鱼、莲为祥物，有的以龙门为福地……华夏的鱼文化因素与周边少数民族的文化、习俗长期融和，一起构成了多元一体的中国鱼文化的传统。

所谓"再生型"，即鱼文化因子随社会生活的发展而不断构成新的文化形态，并能以应时效应追踪现代生活，产生新的功能指向，开辟新的应用空间，产生新的文化成果。例如，在食物方面，有鱼形饼干、金鱼形软糖、豆制素鱼等；在器用方面，有双鱼形剪刀、鱼形灯架、鱼形花瓶等；在游戏方面，节日游艺会上多有钓物得奖的"钓鱼之戏"，近年来又有形似喷泉、光色白炽的鱼形焰火；此外，作为艺术构图，还出现于城市雕塑之中，并制成指向的路牌，成为多种商标的表现中心和水产柜台前的市招与广告。

判断中国鱼文化因子重新聚合的可能性，也出于对其历史发展的估量。鱼文化自其发轫以来经受住了多重的冲击与摩擦，成为中国文化史中一条历时最久、韧性最强的文化长链。拿生产力来说，以石器、青铜、铁器、机械、电子信息等工具为标志，每一次更新与革命都是对既有文化的冲击。拿社会组织来说，从原始社会、奴隶社会、封建社会到社会主义初级阶段，每一次变革都导致生产关系的急剧调整，并包含着对既往文化的清算。拿族际矛盾来说，我国在鸦片战争之后迅速走向半殖民地化，文化传统承受着外族文化日甚一日的强力冲撞。拿文化交流来说，自汉唐时期引进了佛教，开通了丝绸之路，就出现过胡汉杂居的局面，文化的接受与播化的整个过程亦构成对传统的考验。拿思想领域来说，春秋战国时期百家争鸣，"五四"前后中西文化论争，当代改革开放中的文化反思与文化建设，都是对传统的全面审视与清理。我们看到，在上述"冲击波"的轮番挤压下，鱼文化没有像僰人悬棺和沧源岩画一样只留下历史的遗痕，它仍葆有传承与创造的活力。

中国鱼文化因子重聚的可能性基于以下三因：

第一，中国鱼文化的历史积淀异常丰厚，其文化环境——以渔农经济为支撑的社会形态在广大的农村尚没有彻底改变，渔农业的从业人口在全国人口中的比重虽有下降，但与其他行业的从业人员相比，仍占据突出的地位。因此，中国鱼文化仍具有发挥其应时效应的客观基础。当然，经济与社会的不断发展，总是推动着文化的变迁，使其中不适应变革的因素渐次消亡，但也包孕着调整、整合、再创的机遇。

第二，传统是民族心智与民族精神的聚焦，外化的物质创造与内隐的观念意识是它不同的两个方面。只要主体——民族本身不灭，传统就不会骤亡；只要凝聚着文化要素的造物存在，即使参与初创的族群消亡了，也能以文化遗产的性质传递信息，延续其文化生命，正如苏美尔文化对于两河文明那样，及玛雅文化对于印第安文化那样。中华民族没有遭受种灭国亡的厄运，因此，我们的民族文化，包括鱼文化，自有其长传再生的坚实根基。

第三，中国鱼文化能顺应历史的发展，能不断增益新的功能和应用空间，亦能让生活做出历史的汰选。事实已经证明，中国鱼文化的诸多功能存在着此起彼落的现象，并导致鱼图、鱼物、鱼俗、鱼信的量变、质转与存废。中国鱼文化所发生的汰选是其旧体的离析与清理，而它功能与类型的增益，则是因为经济、文化的发展，生活新需求的产生，社会价值观念的变化，新应用空间的开辟，也包括对外来文化因素的接受与改造。

中国鱼文化因子重新聚合的必然性是文化本身发展的命定，而信息作用、实用观念、与审美价值能指引其选择路径，并推进这一过程。

社会的发展，文化的变迁，必不可免地会引发文化内部系统的调整，鱼文化作为中国传统文化总构架中的一个支系，当然也具有感知和处理化变的信息手段，并通过主体的意志及文化自控机制作出或顺或逆的反应。其顺向反应必然导致文化结构上的因子重聚，并推动形态上的文化重创。如果从文化的"演进节拍"来分析这一过程，我们就会发现，"原生—衍化—散佚—重聚"是中国鱼文化发展的最基本的阶段性节拍，而每一阶段的转化，都是基于对"潜文化"的信息处理。当这一信息处理变得板滞，当"显文化"与"潜文化"间没有可逆往复时，传统就会受到严重破坏，并不可避免地发生文化的置换。

社会大众的生活实用观念也是推动文化发展的直接动因。我们知道，功能需求总是诱发着文化创造，而文化创造的实际应用决定着文化的传播延续。拿中国鱼文化说，山顶洞人穿凿鱼骨为饰品，表现为信仰的寄托和审美的追求，其工艺的创造与社会习尚的形成，乃服务于当时社会的实用需要。有趣的是，时越万载，源于骨饰的项链、首饰在当今非但没有敛迹，反而越发兴盛，究其原因，乃是应用把原始的文化情结不断推衍而传习至今。人类活动的目的性决定了文化生活的功利性，所以，实用观念仍将作为一种动力在相当的程度上推动着文化的发展，这一规律同样适用于中国鱼文化。

早在欧洲文艺复兴运动的末期，人类就被称作是"万物的灵长""宇宙的精华"，人类的本性表现出对一切的自然之物和劳动产品都讲求审美的价值，并在整个创造活动中始终伴随有审美的活动。作为人类实践的一种特殊形式，审美活动涵盖了人类的物质文化、精神文化、社会文化和语言文化的各个方面，并体现着价值的追求和理想的表达。由于"审美活动的内容、倾向性、形式是由生活的社会条件所决定的"[①]，因此审美价值也不是恒久不变的定数。审美价值是在由主体按美的法则所进行的创造性劳动中体现的，因此文化的重建与不断的发展、繁荣能反映出审美价值的驱动。这一美学原理同样适用于中国鱼文化。鱼文化因子的重新聚合不可能游离于主体的审美价值之外，也不可能没有价值观的驱动作用，相反，它必然会受到一定社会、一定阶段的审美规律的制约，表现为一种可测的定向运动。

三、历史与未来

中国鱼文化历经上万年的发展，在中国文化史上留下了深长的投影，其间虽几经盛衰，但至今仍传承不息。中国鱼文化的历史价值何在？其未来的地位又如何？我们认为，本书前些章节对中国鱼文化功能演进的探讨，可作为对中国鱼文化进行历史评价与未来预测的基础。

本着历史唯物主义的精神，我们认为，对中国鱼文化可做出以下四点基本评价。

第一，中国鱼文化是我国文化史上历时最久、应用最广、功能最多、民间性最强的文化现象，为中华文化之光增添过异彩，其积极因素至今仍

---

① 〔苏〕奥甫相尼科夫、拉祖姆内依主编:《美学简明词典》，商务印书馆1987年版，第147页。

旧是中华民族宝贵的文化财富。中国鱼文化的丰富多彩乃系于鱼文化自身的活跃及其应用面的广阔，同时也是不同民族文化间长期相互作用、彼此渗透的结果。它伴随物质文明的进步、精神观念的更新、社会制度的演进，以及其他文化类型的生成而发展。拿物质文化说，鱼文化是石器文化的产物，但它能适应彩陶文化、玉石文化、青铜文化等物质型文化的发展，并在几乎所有新的文化形态中留下自己的印迹。就生活需求来说，它由最早的人工食物增衍为人工饰物，由饮食文化向服饰文化发展。就信仰观念来说，它由图腾文化、生殖文化向巫文化、民间祈禳文化演进；而就社会生产来说，它由渔猎文化过渡到渔农文化，再演进到农耕文化，直至工业化和后工业化社会。此外，鱼文化与鸟文化、龙文化相分相合，出现鱼鸟对应、鱼龙混杂的文化情状。鱼文化甚至还楔入建筑文化、军旅文化、宗教文化、礼俗文化、娱乐文化等众多的领域。鱼文化与其他文化类型的关联是中国鱼文化应用面不断拓广的重要因素，并由此显示出鱼文化传统的惯性运动及其文化演进的实际价值。

　　第二，中国鱼文化以凝聚着民族创造精神的各类鱼图、鱼物、鱼俗、鱼信、鱼话构成了一个联系着的物质、精神、社会、语言等层面的文化体系，显现出鱼与自然、鱼与社会、鱼与人类意识、鱼与人类造物相联系、相依存的文化特征。作为不断变化发展的历史范畴，"原生—衍化—散佚—聚合"的发展节拍构成了中国鱼文化的基本运动规律。中国鱼文化在历史发展中所呈现出来的阶段性发展和部分内涵的衰变，符合自然辩证法与历史辩证法的规律，它折射出新文化因素的不断生成、壮大，以及社会生活本身的历史演进。例如，新石器时代是中国鱼文化发展史上的勃兴期，就鱼文化在整个社会文化中的地位看，后世少有出其右者，然而就文化总量和层次说，它远不及后世文化来得丰富和深广，因此中国鱼文化的变迁及其社会地位的相对弱化，并不意味着民族文化整体的下滑和创造力的枯竭。

　　第三，中国鱼文化在民族精神中留下的深长投影不会随其物质形态和风俗活动的简约化而迅速淡去，它将随文化传统对民族生活继续发挥潜移默化的作用。例如，鱼兆丰稔、鱼表喜庆的观念同当代人执着追求知识、健康、财富、欢愉的心理合拍，因此它仍然能作为一种奋斗向上的精神表达和理想寄托的象征，而不复为拜祭的对象或巫仪的法具。传统作为一种内在的民族精神，有超越外在物象与事象的能力，而在中国鱼文化的传统中正隐含着这种崇高坚韧、生生不息的民族精神。

第四，中国鱼文化在其发展中，曾融入过外来的文化因素，它作为一个能自我调节的开放体系，表明其创造主体——中华民族素有内联外化、包容互补的广阔胸襟。例如，摩羯纹（即所谓"鱼龙""龙鱼""飞鱼"等）在中古鸱吻、餐具、灯具、墓砖中的出现，是吸收了印度的文化因素；而鱼穿莲花、一头三尾鱼图在汉以后的出现，可能是吸收了埃及文化的因素（图 126），它经由西亚而东渐中土。当然，中古以后，"鱼穿莲花"的母题在中国民间广为流传，在构图与应用方面均有拓广，早已融入中国文化传统的洪流之中。

图 126　埃及青釉鱼纹盆

以上是对中国鱼文化所作的宏观的、概括的历史判断，在回顾历史的同时，我们有必要再思考一下中国鱼文化的未来，并探测其今后的发展。为此，我们且做出以下四点预测。

第一，中国鱼文化的部分功能有其越时长效之性，特别是表喜庆吉祥与游乐赏玩的功能不会因物质文明的充分发展而迅速退隐，相反，它能为未来生活继续服务，并作为民族文化的传统符号，借以弘扬民族精神和乡土情感。

第二，物质型鱼文化的应用范围将有所扩大，特别是在器物、饰件、商标、装饰图案、城市雕塑、室内装修，以及其他艺术设计等领域会有新的拓展，显现鱼文化观念与鱼文化资源的新活力与新空间。

第三，精神文化领域中的鱼的因素将呈简约趋势，鱼的习俗，特别是鱼的信仰将随现代生活内涵的更新和社会经济与文化的快速发展而衰微，鱼文化在整个社会文化中的比重相对古代社会将继续下降。

第四，高度发达的现代社会能唤起民众对自身民族传统与地域风格的重视，鱼文化因此会受到进一步的关注和研究，其中属于文化遗产的成分会受到认真的整理和保护，某些能唤起群体记忆和审美情感的鱼图与鱼物会作为生活的点缀和民族精神的象征，而以文化符号的形式得到持久而夸张的应用，并在国际文化交流中展现特殊的资源价值。

具体说，中国鱼文化的应用已呈现出四个显著的趋向。

（一）生态观念的昭示

鱼与生态环境、物种保护和生命关怀息息相关，海洋的污染、河流与湖泊的污染总是以鱼类的大批死亡为标志，并因此对人类的生存环境做出最直观而明确的警示。实际上，鱼类已成为人类反思自身行为的教材，成为保护环境和维护生态的无言呐喊。鱼作为生态观念的警示，是有思想、有情感、有理智、有知识的人类文化现象，也是鱼文化在当代的自然发展。强化鱼与生态环境的联系和鱼对生态观念的昭示作用，是鱼文化功能的拓展，也是鱼文化的新的应用。

工业污水的过量排放、竭泽而渔式的掠夺性捕捞和高密度的水产养殖等，最终对自然资源和人类环境必然造成破坏。渔业经济的可持续发展只能建筑在科学的生态观上，建筑在人类的理性、智慧和创造性劳动之上。在一定的社会发展阶段，人类对自身的生存空间与环境的关注必然超过对经济利益的追求。正如对大气、沙尘要进行监测一样，对海洋、河流、湖泊及其鱼类资源也要坚持监测、治理和保护。在这一过程中，鱼文化会拓展自身的应用领域，并成为强化生态观念的特殊符号。

（二）精神意象的表达

在中国鱼文化中，鱼的精神意象丰富庞杂，构成了奇妙而多趣的象征符号群：鱼表繁衍、鱼表欢合、鱼为载体、鱼表星辰、鱼作神使、鱼兆丰穰、鱼表富裕、鱼表神变、鱼作镇物、鱼表吉祥、鱼作良药、鱼作礼物、鱼为祭品、鱼作玩物，等等。这些传统的鱼文化意象与功用大多仍传承于当今的民俗生活中，为大众所感知和理解，有的甚至在应用中还得到了不断的强化。

精神意象往往是理想的寄托，是文化的认知，也是艺术与哲学的思考。作为民族文化的瑰宝，鱼文化的意象自有其特殊的价值。

当今双鱼图、鱼穿莲花图、吉庆有余图、小孩抱鱼图、鱼跳龙门图、三鱼共首图、人首鱼身图、美人鱼图等，仍在继续传承，并有多形式的应用，反映了人们对其中精神意象的喜好和需要。鱼图、鱼物、鱼俗、鱼事作为鱼文化的不同表现层面和存在方式，都以精神意象的表达为前提。或者说，精神意象是一切鱼文化外在现象得以存在的灵魂。捕捉这些意象，在时空的转换中予以新的定位，是当前和未来的应用方向，也是推进鱼文化传承与创新的历史任务。

（三）民族风格的彰显

民族风格是一种可加以感知的文化个性，它一般通过物象、意象、事象和语象而展现出来。所谓"物象"，指有形的、具象的、可触可感的实在对象，往往占有立体的空间和可测的尺度。所谓"意象"，指凝聚着文化观念的精神，作为潜在心理的模式化，形成了文化传统的内核。所谓"事象"，指过程性的文化行为，作为动态的活动或仪式，它有起始和阶段，在时间上有一个展开的长度。所谓"语象"，指语言的符号化，作为无形的文化现象，它载承着特定的社会生活信息。

鱼文化的应用能彰显民族的风格和地区的风格。在建筑装饰、城市雕塑、道路标识、景观小品、商标店招、工具玩具，以及民间工艺品和旅游纪念品等方面，鱼文化因素的应用都能点画或强化民族的风格。例如，江苏省溧阳市在通往天目湖的路道广场上树有三鱼球形金属雕塑，以突出天目湖鱼头在餐饮方面的文化优势。再如，地处水网枢纽的江苏省扬州市江都区内有美人鱼的广场雕塑，以突出江畔湖滨城市的地域特点和神秘色彩；在江苏省扬中市的鱼园中筑有硕大的鱼形景观。此外，在浙江省宁波市象山县的石浦老街，人们用各种鱼形纸灯装饰店面和临街楼阁，渲染出古朴的渔村街市的民俗风貌。随着文化意识的增强，鱼的物象、意象、事象和语象在民族与地区的风格彰显中必将获得新的应用。

（四）生活情趣的催化

鱼类自由自在，可亲可爱，除了作为美味佳肴给人以口福，还以优美的形体、斑斓的色彩、优雅的姿态和独特的习性给人带来无尽的乐趣。自古以来，人们养鱼、观鱼、绘鱼、说鱼，创作了大量的鱼图、鱼物、鱼话、鱼事，甚至以拟人的方式让鱼类进入小说、童话、戏曲、民谣，并以报恩、献宝、抗恶、恋情、遨游、超度、报知、戏谑等主题满足人们的生活追求。不论是作为文学作品的描写对象，还是艺术造型的题材，甚至是民间俗信表达的中心，鱼类总是和谐地融入了人类的日常生活，并给我们带来生活的乐趣和情感的升华。

生活情趣的不断催化是鱼文化应用的基本趋向，而观赏性、休闲性、文艺性仍然是鱼文化应用的目标。在旅游产业、环境艺术、文学创作、民俗表演、影视制作等方面，鱼文化仍有着广阔的应用空间，鱼文化不绝的活力来源于其自身的丰富内涵，来源于人鱼间传统的亲善联想，来源于人类乐生入世的文化追求。生活情趣的催化作为鱼文化的主要功用，引导着鱼文化未来应用的方向，成为人类怀抱自然、热爱生命、享受生活的一种方式。应用是人类需要的满足，也是鱼文化演进的动力。

发轫于原始社会的中国鱼文化始终伴随着社会历史的发展而演进，它在人类社会自身的文明与进步中不断获得新的定位与新的应用，并能给人类带来更多的恩惠和福祉。可以肯定地说，鱼文化在未来的世纪仍将以自然、稚趣、祥瑞、富足的精神品格成为人类共有的取之不尽的精神财富。

总之，中国鱼文化虽受到近代文明的强力冲击，在制度文化、精神文化等领域呈现出一定的衰微趋势，但其文化元素或文化符号却至今犹存，并有着聚合新创的巨大张力。这种新创，一是来自内部成分的调整，二是来自对外来因素的整合，前者有利于传统形态的保持与维护，后者则获得创新发展的机遇。中国鱼文化将会按照历史的法则运动，其既往的辉煌将彪炳千古，其文化遗存仍继续服务于当代生活，其文化符号的重聚与应用则将随新的文化繁荣与发展而迈向更高文明的未来。

主要参考文献

1.〔德〕马克思、恩格斯:《马克思恩格斯选集》,人民出版社 1972 年版。

2.〔德〕马克思:《1844 年经济学哲学手稿》,人民出版社 1979 年版。

3.〔德〕恩格斯:《家庭、私有制和国家的起源》,人民出版社 1972 年版。

4.〔美〕摩尔根:《古代社会》,商务印书馆 1987 年版。

5.〔德〕费尔巴哈:《费尔巴哈哲学著作选集》,生活·读书·新知三联书店 1962 年版。

6.〔德〕格罗塞:《艺术的起源》,商务印书馆 1984 年版。

7.〔俄〕普列汉诺夫:《论艺术》,生活·读书·新知三联书店 1973 年版。

8.〔英〕马林诺夫斯基:《文化论》,中国民间文艺出版社 1987 年版。

9.〔苏〕奥甫相尼科夫、拉祖姆内依主编:《美学简明辞典》,商务印书馆 1987 年版。

10.〔苏〕柯斯文:《原始文化史纲》,生活·读书·新知三联书店 1957 年版。

11.〔法〕列维 – 布留尔:《原始思维》,商务印书馆 1981 年版。

12.〔美〕乔治·桑塔耶纳:《美感》,中国社会科学出版社 1982 年版。

13.〔美〕张光直:《中国青铜时代》,生活·读书·新知三联书店 1983 年版。

14.〔罗〕亚·泰纳谢:《文化与宗教》,中国社科出版社 1984 年版。

15.〔美〕C.恩伯、M.恩伯:《文化的变异——现代文化人类学通论》,辽宁人民出版社 1988 年版。

16.〔苏〕弗·叶甫秀科夫:《宇宙神话》,苏联科学出版社 1988 年(俄文版)。

17.《十三经注疏》，中华书局影印版，1979 年版。

18.（汉）司马迁：《史记》，中华书局 1959 年版。

19.（汉）班固：《汉书》，中华书局 1962 年版。

20.（汉）许慎撰，（清）段玉裁注：《说文解字注》，上海古籍出版社 1981 年版。

21.（汉）刘向：《列仙传》（丛书集成）。

22.（东吴）沈莹：《临海水土异物志》，农业出版社 1981 年版。

23.（晋）葛洪：《西京杂记》，中华书局 1985 年版。

24.（晋）张华撰，范宁校：《博物志校正》，中华书局 1980 年版。

25.（晋）干宝：《搜神记》，中华书局 1979 年版。

26.（南朝宋）范晔：《后汉书》，中华书局 1962 年版。

27.（北魏）郦道元：《水经注》，文学古籍刊行社 1955 年版。

28.（唐）徐坚：《初学记》，中华书局 1962 年版。

29.（唐）欧阳询：《艺文类聚》，上海古籍出版社 1982 年新一版。

30.（唐）段成式：《酉阳杂俎》，中华书局 1981 年版。

31. 李建国辑释：《唐前志怪小说辑释》，上海古籍出版社 1986 年版。

32.（唐）李冗：《独异志》，中华书局 1983 年版。

33.（唐）张读：《宣室志》，中华书局 1983 年版。

34.（唐）苏鹗：《苏氏演义》，商务印书馆 1956 年版。

35.（后唐）马缟：《中华古今注》，商务印书馆 1956 年版。

36.（宋）李昉等：《太平广记》，人民文学出版社 1959 年版。

37.（宋）张虑：《月令解》（旧版）。

38.（宋）刘斧：《青琐高议》，上海古籍出版社 1983 年版。

39.（宋）沈括：《元刊梦溪笔谈》，文物出版社 1975 年版。

40.（南宋）王应麟，《玉海》（旧版）。

41.（元）陶宗仪：《南村辍耕录》，中华书局 1959 年版。

42.（明）解缙等：《永乐大典》，中华书局 1960 年影印版。

43.（明）杨慎：《异鱼图赞笺》（四库全书）。

44.（明）陈耀文：《天中记》（旧版）。

45.（明）孙传能：《剡溪漫笔》，中国书店 1987 年版。

46. 明正德《姑苏志》（四库全书）。

47.（清）阮元：《经籍籑诂》，成都古籍书店 1982 年版。

48.（清）陈孟雷等:《古今图书集成》,中华书局 1963 年版。

49.（清）张廷玉:《骈字类编》,中国书店 1984 年版。

50.《康熙字典》,中华书局 1985 年版。

51.（清）翟灏:《通俗编》,商务印书馆 1959 年版。

52.（清）桂馥:《札朴》,商务印书馆 1958 年版。

53.（清）周亮工《书影》,上海古籍出版社 1981 年版。

54.（清）雷鐏:《古服经纬》(丛书集成)。

55. 清道光《武进阳湖县合志》。

56. 清光绪《昆新两县续修合志》。

57. 清乾隆《江宁县新志》。

58. 民国《续修盐城县志》。

59.《中文大辞典》,中华学术院第一次修订版。

60. 王献唐:《炎黄氏族文化考》,齐鲁书社 1985 年版。

61. 宋兆麟等:《中国原始社会史》,文物出版社 1983 年版。

62. 中国考古学会编辑:《中国考古学会第二次年会论文集》,文物出版社 1983 年版。

63. 山东省文物管理处、济南市博物馆编:《大汶口——新石器时代墓葬发掘报告》,文化出版社 1974 年版。

64. 裴文中:《中国石器时代》,中国青年出版社 1964 年版。

65. 梅福根等:《七千年前的奇迹——我国河姆渡古遗址》,上海科技出版社 1982 年版。

66. 闻一多:《神话与诗》,古籍出版社 1958 年版。

67. 朱天顺:《中国古代宗教初探》,上海人民出版社 1982 年版。

68. 李岳南:《神话故事、歌谣、戏曲散论》,新文艺出版社 1957 年版。

69. 中国人类学学会编:《人类学研究》(续集),中国社会科学出版社 1987 年版。

70. 路工编:《孟姜女万里寻夫集》,上海出版公司 1955 年版。

71. 上海民研会编:《孟姜女资料选集》Ⅰ、Ⅱ(资料本)。

72. 常州民研会编:《常州地区孟姜女故事歌谣资料集》(资料本)。

73. 庄锡昌、顾晓鸣、顾云深等编:《多维视野中的文化理论》,浙江人民出版社 1987 年版。

74. 张绍华:《北京的金鱼》,北京出版社 1981 年版。

75.〔法〕Vic de Donder 著，陈伟丰译:《海妖的歌》，上海人民出版社，2004 年。

76.〔日〕笹间良彦:《浪漫的怪谈——海和山的裸女》，日本雄山阁出版株式会社，1995 年（日文版）。